目　次

まえがき

この規格は，一般社団法人電気学会（以下“電気学会”とする。）インテリジェントパワー半導体モジュール（IPM）標準特別委員会において2017年7月に制定作業に着手し，慎重審議の結果，2019年1月に成案を得て，2019年3月27日に電気規格調査会委員総会の承認を経て制定した，電気学会 電気規格調査会標準規格である。

この規格は，電気学会の著作物であり，著作権法の保護対象である。

この規格の一部が，知的財産権に関する法令に抵触する可能性があることに注意を喚起する。電気学会は，このような知的財産権に関する法令にかかわる確認について，責任をもつものでない。

この規格と関係法令に矛盾がある場合には，関係法令の遵守が優先される。

電気学会 電気規格調査会標準規格

JEC 2408：2019

インテリジェントパワー半導体モジュール（IPM）

Intelligent power semiconductor modules (IPM)

序文

この規格は，インテリジェントパワー半導体モジュール（IPM）に特有な用語・定義，定格・特性，及び定格・特性試験法を含めた電気学会　電気規格調査会標準規格である。

表 1 及び**図 1** に，関連規格である **JEC-2405**：2015，**JEC-2407**：2017 と，**JEC-2408**：2019 との制定範囲の相違点を示す。

表 1 — JEC-2405：2015，JEC-2407：2017 と，JEC-2408：2019 との制定範囲相違点

規格番号	規格名称	制定範囲	**図 1**
JEC-2405：2015	絶縁ゲートバイポーラトランジスタ	IGBT に特有な用語・定義，定格・特性，及び単体特性や試験方法など	点線範囲内
JEC-2407：2017	絶縁形パワー半導体モジュール	絶縁形パワー半導体モジュールに特有な用語・定義，定格・特性試験方法と，内蔵されている IGBT 及び環流ダイオードに関する特性・試験方法など	網掛け範囲内
JEC-2408：2019	インテリジェントパワー半導体モジュール（IPM）	IPM に特有な用語・定義，定格・特性，及び定格・特性試験方法など	図全体

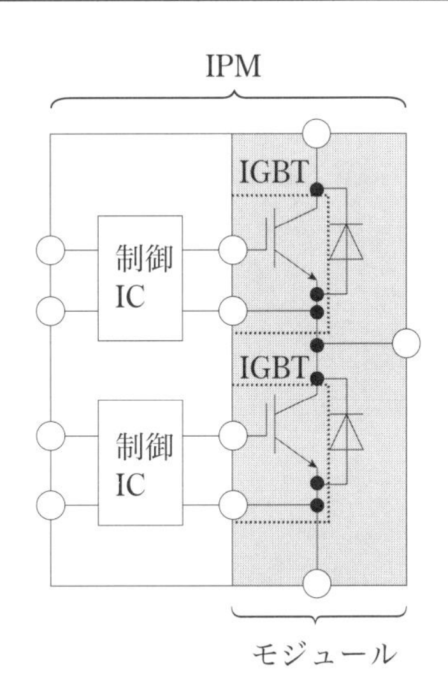

図 1 — パワー半導体関連規格の制定範囲図

1　適用範囲

この規格は，半導体電力変換装置や半導体スイッチなどにおいて，バルブデバイスとして動作し，変換接続の一部又は全部として使用されるインテリジェントパワー半導体モジュール（IPM）に適用する。

この規格では，IPM に特有な用語・定義，定格・特性項目，代表的な定格・特性試験法を規定する。

またこの規格では，IGBT（絶縁ゲートバイポーラトランジスタ）及び逆並列接続された環流ダイオードの定格・特性項目，代表的な定格・特性試験法も規定する。なお，この規格では半導体デバイスとして IGBT を内蔵した IPM を供試デバイス（DUT）とする。

2　引用規格

次に掲げる規格は，この規格に引用されることによって，この規格の規定の一部を構成する。これらの引用規格は，その最新版（追補を含む）を適用する。

a）**JEC-2405**：2015　絶縁ゲートバイポーラトランジスタ

b）**JEC-2407**：2017　絶縁形パワー半導体モジュール

c）**JEC-2406**-2004　MOS 形電界効果パワートランジスタ

d）**JEC-2410**-2010　半導体電力変換装置

e）**JEC-0202**-1994　インパルス電圧・電流試験一般

f）**JEC-213**-1982　インパルス電圧電流測定法

g）**JEC-0221**-2007　インパルス電圧・電流試験用測定器に対する要求事項

h）**JIS C 60721-2-3**：1997　環境条件の分類　自然環境の条件－気圧

i）**JIS C 61000-4-5**：2009　電磁両立性－第 4 － 5 部：試験及び測定技術－サージイミュニティ試験

j）**JIS C 60664-1**：2009　低圧系統内機器の絶縁協調

k）**IEC 60077-1**（1999）　Railway applications - Electric equipment for rolling stock - Part 1: General service conditions and general rules

l）**IEC 61278-1**（2005）　Railway applications - Power convertors installed on board rolling stock - Part 1: Characteristics and test methods

m）**IEC 61148**（2011）　Terminal markings for valve device stacks and assemblies and for power conversion equipment

n）**IEC 60747-1**（2006）　Semiconductor devices - Part 1: General

o）**UL 61800-5-1**（2012）　Standard for Adjustable Speed Electrical Power Drive Systems - Part5-1:Safety Requirments - Electrical, Thermal and Energy

p）**JASO D 14-1 ～ 5**　自動車部品－電気・電子機器の環境条件及び機能確認試験

q）**JASO D 902**　自動車部品－電子機器－耐久性試験方法

r）**JEITA ED-4701**　半導体デバイスの環境及び耐久試験方法

3　用語及び定義

この規格で用いる主な用語及び定義は，**JIS C 60050-551**：2005 電気技術用語 - 第 551 部：パワーエレクトロニクスによるほか，次による。

3.1

インテリジェントパワー半導体モジュール [1)]

パワーチップ，パワーチップを駆動する回路（IGBT の場合はゲート駆動回路）及びパワーチップを異常現象から保護する回路部を収納しているパワー半導体モジュール。

注 [1)]　電気学会 電気専門用語集 No.9「パワーエレクトロニクス」の記述に沿い，この規格では以下インテリジェントパワー半導体モジュールを IPM と称する。

注記　樹脂封止した小容量の IPM は本規格の対象外とする。また，パワー半導体モジュールの制御端子に外付けのゲート駆動回路基板を接続した構成のものも本規格の対象外とする。

3.2

パワーチップ

IGBT チップ，ダイオードチップ，MOSFET（MOS 形電界効果パワートランジスタ）チップなど，実際にスイッチングが行われる半導体本体。

3.3

樹脂ケース

樹脂で覆われてモジュールの外装を形成するとともに，端子を支え，端子間及び端子とベースプレートとの間の絶縁を確保するためのケース。

3.4

ベースプレート

チップから発生する熱を外部に設置されている冷却体などに伝達するための金属板。

注記 1　一般的に銅板やアルミニウム板が用いられている。

注記 2　IPM の中には，ベースプレートをもたないものも存在する。

3.5

主端子

主電流を流す端子。

3.6

制御端子

IGBT を駆動する信号を入力する端子，又はモジュール内部の特性を検出又は出力するための端子。

この規格において想定する IPM の内部回路構成ブロック図，主端子と制御端子の表示記号，及び端子名称の表示を**図 2** に示す。

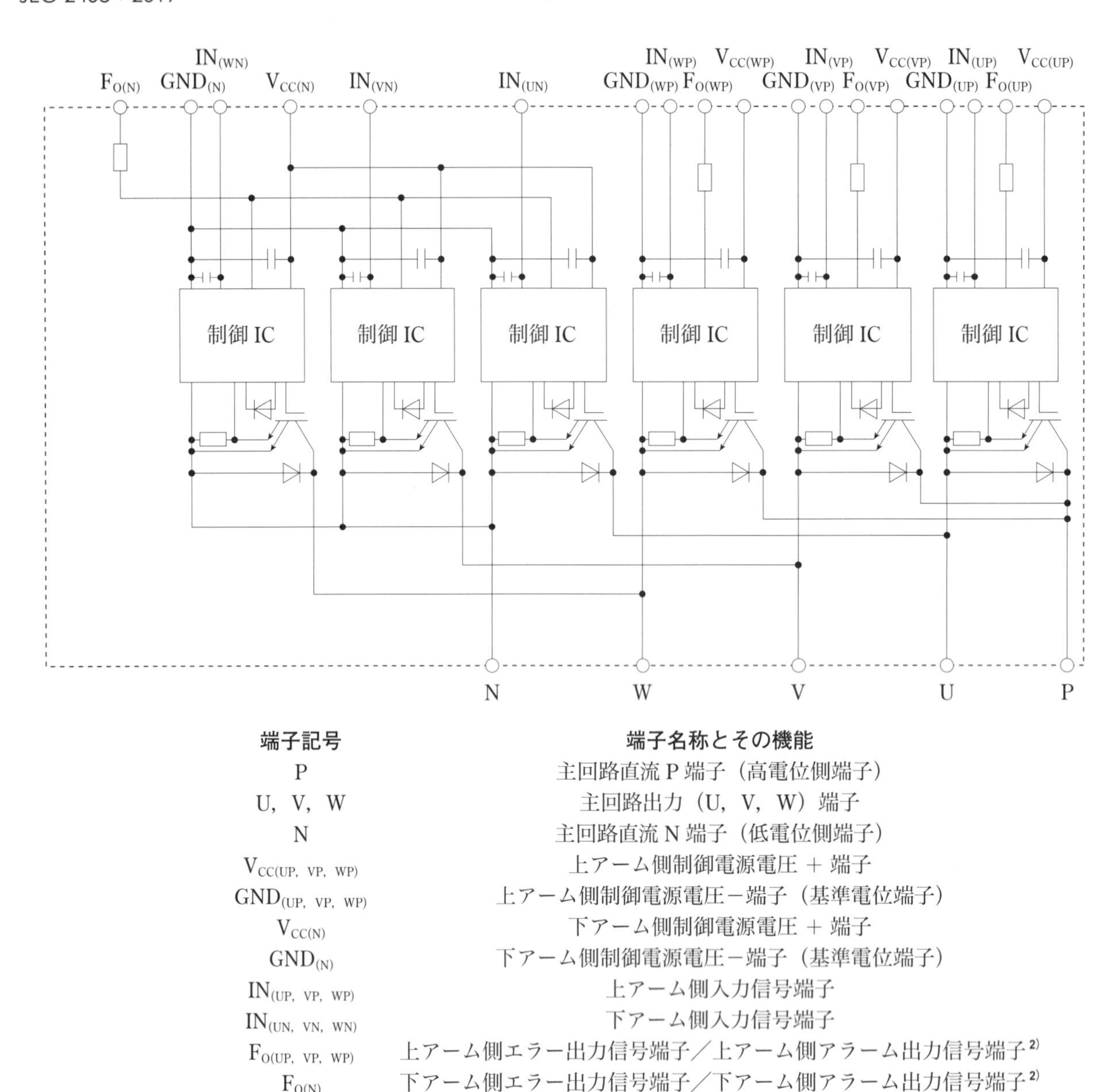

端子記号	端子名称とその機能
P	主回路直流 P 端子（高電位側端子）
U，V，W	主回路出力（U，V，W）端子
N	主回路直流 N 端子（低電位側端子）
$V_{CC(UP,\ VP,\ WP)}$	上アーム側制御電源電圧 ＋ 端子
$GND_{(UP,\ VP,\ WP)}$	上アーム側制御電源電圧－端子（基準電位端子）
$V_{CC(N)}$	下アーム側制御電源電圧 ＋ 端子
$GND_{(N)}$	下アーム側制御電源電圧－端子（基準電位端子）
$IN_{(UP,\ VP,\ WP)}$	上アーム側入力信号端子
$IN_{(UN,\ VN,\ WN)}$	下アーム側入力信号端子
$F_{O(UP,\ VP,\ WP)}$	上アーム側エラー出力信号端子／上アーム側アラーム出力信号端子[2)]
$F_{O(N)}$	下アーム側エラー出力信号端子／下アーム側アラーム出力信号端子[2)]

図 2 ― IPM の内部回路構成ブロック図，端子の表示記号，及び端子名称の表示

注[2)] この規格では，IPM の製造業者間で異なる記載や呼称が存在している信号名や端子名は，‘／’を用いて，2 種の記号や名称を併記する記載方法で示す。

また**図 3** には，この規格において試験対象となる IPM の内部回路構成図と端子記号を示す。以下試験回路などにおいては本図を用いる。

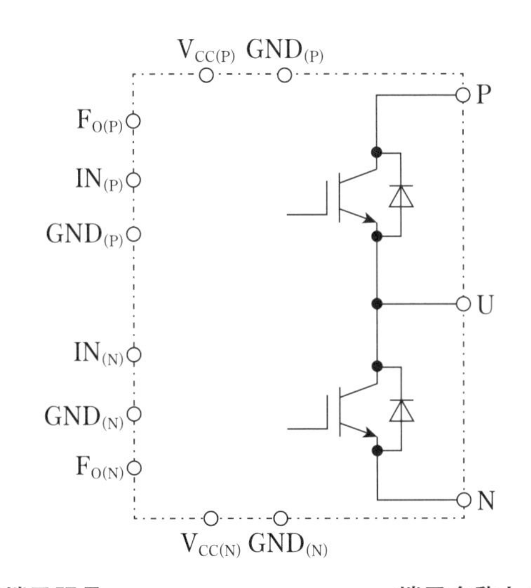

端子記号	端子名称とその機能
P	主回路直流 P 端子（高電位側端子）
U	主回路出力（U）端子
N	主回路直流 N 端子（低電位側端子）
$V_{CC(P)}$	上アーム側制御電源電圧 ＋ 端子
$GND_{(P)}$	上アーム側制御電源電圧－端子（基準電位端子）
$V_{CC(N)}$	下アーム側制御電源電圧 ＋ 端子
$GND_{(N)}$	下アーム側制御電源電圧－端子（基準電位端子）
$IN_{(P)}$	上アーム側入力信号端子
$IN_{(N)}$	下アーム側入力信号端子
$F_{O(P)}$	上アーム側エラー出力信号端子／上アーム側アラーム出力信号端子
$F_{O(N)}$	下アーム側エラー出力信号端子／下アーム側アラーム出力信号端子

図 3 — DUT（供試 IPM）の内部回路構成図及び端子記号 [3)]

注 [3)]　この規格の説明に使用する**図 3** は，説明の便宜上，上下アームに制御 GND 端子を 2 か所設けているが，実際の IPM では上下アーム各 1 か所のみの設置である。

3.7

温度測定基準点

温度又は温度差を測定するに当たっての基準となる測定点。

注記　一般にはベースプレートのチップ（指定された IGBT チップ又は環流ダイオードチップ）直下の点。

3.8

基準点温度

温度測定基準点の温度。

注記　周囲温度を基準点温度としてもよい。

3.9

チップ接合部温度

電気的特性を規定するための基準となる半導体内部の見かけ上の温度（**JEC-2405**：2015，**3.2.36**　**接合温度**を参照）。

注記　IPM では，IGBT チップの接合部温度と環流ダイオードチップの接合部温度とがある。

3.10

試験設定温度

各種試験を実施するに当たって，指定された箇所の指定の設定温度。

注記 一般に基準点温度や，IGBT 又は環流ダイオードのチップ接合部温度がその設定温度となる。

3.11

形式試験

その形式について製造業者の指定した定格条項・特性・その他を満足することを検証するために行う試験。

3.12

常規試験

製品の性能が既に形式試験で検証されている性能を満足することを確かめるために行う試験。

注記 ルーチン試験と称する場合もある。

4 使用状態

この規格の対象とする使用状態は次による。

4.1 常規使用状態

屋内で使用される半導体電力変換装置の使用状態で，その条件は日間平均空気温度が 30℃以下で年間平均空気温度が 25℃以下，かつ周囲空気の相対湿度が最低 15％から最高 85％まで。

4.2 特殊使用状態

本規格の対象とする IPM は，屋外に設置される装置や，屋外を移動する鉄道車両や自動車に搭載される機器のように，屋外用途を含む多様な機器の電力変換回路部に使用されている。これらの用途では，前記の常規使用状態の範囲を超えた特殊使用状態（環境条件）に即した仕様を満足することが，IPM の使用者から求められる場合がある。

JEC-2410-2010 では，この特殊使用状態の例を次のように列記している。

製造上特別の考慮を要する使用状態に対しては，特にこれを指定する。例を次に示す。

a) 屋外で使用する場合。冷却媒体の温度，日射の影響などに注意する必要がある。

b) 異常な振動又は衝撃を受ける場合。

c) 騒音について厳しい制限がある場合。

d) 冷却水の水質が不良の場合。

e) 鉄粉，じんあいなどの多い場所で使用する場合。

f) 高湿度の場所で使用する場合。

g) 塩分，水滴，氷雪，水銀蒸気，塩素ガス，亜硫酸ガス又はその他の有害ガスを含む空気中で使用する場合。

h) 水蒸気又は油蒸気中で使用する場合。

i) 爆発性ガス中で使用する場合。

j) 異常な放射線下で使用する場合。

k) 亜熱帯性又は熱帯性気候の場所で使用する場合。

l) 1 時間以内に，5 K を超える温度変化，かつ，5％を超える相対湿度変化がある場合。

m) 標高が 1000 m を超える場所で使用する場合。気圧低下による影響（冷却性能の低下，耐電圧の低下など。**JIS C 60721-2-3**：1997 の 3.1 参照），気温の低下，及び宇宙線による半導体デバイスへの影響などを考慮する必要がある。

5　定格[4)]・特性

注[4)]　半導体デバイスの定格とは，絶対最大定格であって，その値を超えて使用した場合，デバイスの破損が生じることがある限界値に対応する。よって使用者はこの値を超えないよう適用上注意する必要がある。

5.1　定格・特性及び規定する項目

この規格では利便性を考慮し，パワーチップとしてIGBTを組み込んだIPMの定格及び特性を規定する。誘導負荷用途に使用されるIPMの定格・特性及び規定する項目を**表2**に示す。

表2の規定項目内の記号は，

A：最大値，最小値又は限界値を規定する項目

B：標準値又は代表値でも可とする項目

C：使用者と合意した試験条件により規定する項目

であることを示す。

定格・特性名及び記号は，現存のIPMにおいて使用されているものがベースである。

表2 — 誘導負荷用途に使用されるIPMの定格・特性及び規定する項目

定格・特性		項目番号	規定項目
電気的定格	絶縁耐電圧，V_{isol}	**5.2.1.1**	A
	コレクタ・エミッタ間電圧，V_{CES}	**5.2.1.2**	A
	コレクタ電流，I_C，I_{CP}	**5.2.1.3**	A
	環流ダイオードの順電流，I_F ／ $-I_C$，I_{FP} ／ $-I_{CP}$	**5.2.1.4**	A
	コレクタ損失，P_C ／ P_{tot}	**5.2.1.5**	A
	逆バイアス安全動作領域／ターンオフスイッチング安全動作領域	**5.2.1.6**	C
	環流ダイオードの逆回復安全動作領域	**5.2.1.7**	C
	制御電源電圧，V_D ／ V_{CC}	**5.2.1.8**	A
	入力電圧，V_{CIN} ／入力信号電圧，V_{in}	**5.2.1.9**	A
	エラー出力電圧，V_{FO} ／アラーム信号電圧，V_{ALM}	**5.2.1.10**	A
	エラー出力電流（定格），I_{FO} ／アラーム信号電流，I_{ALM}	**5.2.1.11**	A
	短絡時の主回路直流電圧，V_{SC}	**5.2.1.12**	A
温度定格	チップ接合部温度，T_{vj}	**5.2.2.1**	A
	ケース温度，T_C	**5.2.2.2**	A
	保存温度，T_{stg}	**5.2.2.3**	A
機械的定格	端子強度（引張り）	**5.2.3**	C
	端子強度（曲げ）	**5.2.3**	C
	締付け強度（端子部）	**5.2.3**	A
	締付け強度（ベースプレート）	**5.2.3**	A

定格・特性		項目番号	規定項目
電気的特性	コレクタ・エミッタ間遮断電流，I_{CES}	**5.3.1.1**	A
	コレクタ・エミッタ間飽和電圧，V_{CEsat}	**5.3.1.2**	A
	環流ダイオードの順電圧，V_F／V_{EC}	**5.3.1.3**	A
	誘導負荷ターンオン遅延時間，$t_{d(on)}$	**5.3.1.4**	B
	誘導負荷ターンオン上昇時間，t_r	**5.3.1.5**	B
	誘導負荷ターンオン時間，t_{on}	**5.3.1.6**	A
	誘導負荷ターンオフ遅延時間，$t_{d(off)}$	**5.3.1.7**	B
	誘導負荷ターンオフ下降時間，t_f	**5.3.1.8**	B
	誘導負荷ターンオフ時間，t_{off}	**5.3.1.9**	A
	誘導負荷テイル時間，t_t	**5.3.1.10**	C
	環流ダイオードの逆回復電荷，Q_{rr}	**5.3.1.11**	C
	環流ダイオードの逆回復時間，t_{rr}	**5.3.1.12**	B
	誘導負荷ターンオン損失エネルギー，E_{on}	**5.3.1.13**	B
	誘導負荷ターンオフ損失エネルギー，E_{off}	**5.3.1.14**	B
	環流ダイオードの逆回復損失エネルギー，E_{rr}／E_{dsw}	**5.3.1.15**	B
	制御回路電流（上アーム側），I_D／I_{CCP}	**5.3.1.16**	A
	制御回路電流（下アーム側），I_D／I_{CCN}	**5.3.1.17**	A
	入力オンしきい電圧，$V_{th(on)}$／$V_{inth(on)}$	**5.3.1.18**	A
	入力オフしきい電圧，$V_{th(off)}$／$V_{inth(off)}$	**5.3.1.19**	A
	過電流保護レベル，I_{OC}／短絡保護トリップレベル，SC	**5.3.1.20**	A
	過電流保護遅れ時間，t_{doc}／短絡電流遮断遅れ時間，$t_{off(SC)}$	**5.3.1.21**	B
	過熱保護トリップレベル，OT／過熱保護温度レベル，T_{jOH}	**5.3.1.22**	A
	過熱保護ヒステリシス，$OT_{(hys)}$／T_{jH}	**5.3.1.23**	B
	制御電源電圧低下保護トリップレベル，UV／V_{UV}	**5.3.1.24**	A
	制御電源電圧低下保護電圧リセットレベル，UV_r／制御電源電圧低下保護ヒステリシス，V_H	**5.3.1.25**	B
	エラー出力電流（非保護動作時），$I_{FO(H)}$	**5.3.1.26**	A
	エラー出力電流（保護動作時），$I_{FO(L)}$	**5.3.1.27**	A
	アラーム信号電流制限抵抗値，R_{ALM}	**5.3.1.28**	A
	エラー出力パルス幅，t_{FO}／アラーム時間，t_{ALM}	**5.3.1.29**	A
	高電圧端子とベースプレートとの間の漂遊静電容量，C_P	**5.3.1.30**	C
	主端子間漂遊インダクタンス，L_P	**5.3.1.31**	C
	部分放電開始電圧，V_i	**5.3.1.32**	C
	部分放電消滅電圧，V_e	**5.3.1.33**	C
熱的特性	熱抵抗，R_{th}	**5.3.2.1**	A
	過渡熱インピーダンス，Z_{th}	**5.3.2.2**	A

5.2 定格

5.2.1 電気的定格

5.2.1.1 絶縁耐電圧，V_{isol}

指定の試験設定温度において，指定の時間，絶縁が必要となる端子とベースプレート間などに印加することができる電圧の実効値。

注記 絶縁を確保するために必要となる沿面距離及び空間距離は，**JIS C 60664-1**，**IEC 60077-1**，**IEC 61287-1**，**UL61800-5-1** など，パワー半導体モジュールが使用される装置に適用される個々の規格による。

5.2.1.2　コレクタ・エミッタ間電圧，V_{CES}

指定の試験設定温度及び指定の制御回路条件において，加えることができるコレクタ・エミッタ間ピーク電圧（**JEC-2405**：2015，**5.3.1** 参照）。

5.2.1.3　コレクタ電流，I_C，I_{CP}

指定の試験設定温度及び指定の制御回路条件において，流すことができるIGBTの直流コレクタ電流（I_C）。又は指定の電流波形及び繰返し周波数で流すことができるIGBTのピークコレクタ電流（I_{CP}）。

5.2.1.4　環流ダイオードの順電流，I_F ／ $-I_C$，I_{FP} ／ $-I_{CP}$

指定の試験設定温度及び指定の制御回路条件において，流すことができる環流ダイオードの直流順電流（I_F ／ $-I_C$）。又は指定の電流波形及び繰返し周波数で流すことができる環流ダイオードのピーク順電流（I_{FP} ／ $-I_{CP}$）。

5.2.1.5　コレクタ損失，P_C ／ P_{tot}

指定の試験設定温度及び指定の制御回路条件において，許容できるIGBTの直流コレクタ損失（**JEC-2405**：2015，**5.3.5** 参照）。

5.2.1.6　逆バイアス安全動作領域／ターンオフスイッチング安全動作領域

指定の試験設定温度及び指定の制御回路条件において，安全にターンオフできるコレクタ電流とコレクタ・エミッタ間電圧との動作領域（**JEC-2405**：2015，**5.3.7** 参照）。

5.2.1.7　環流ダイオードの逆回復安全動作領域

指定の試験設定温度及び指定の制御回路条件において，環流ダイオードの順電流を流している状態から，そのダイオードに指定の逆電圧を加えたとき，安全に逆回復動作できる逆回復電流と逆電圧との動作領域。

5.2.1.8　制御電源電圧，V_D ／ V_{CC}

V_{CC} 端子 - GND 端子間に印加できる電圧。

5.2.1.9　入力電圧，V_{CIN} ／入力信号電圧，V_{in}

IN 端子 - GND 端子間に印加できる電圧。

5.2.1.10　エラー出力電圧，V_{FO} ／アラーム信号電圧，V_{ALM}

F_O 端子 - GND 端子間に印加できる電圧。

5.2.1.11　エラー出力電流（定格），I_{FO} ／アラーム信号電流，I_{ALM}

F_O 端子 - GND 端子間に流すことのできる電流。

5.2.1.12　短絡時の主回路直流電圧，V_{SC}

指定の試験設定温度及び指定の制御電圧を印加している状態において，短絡状態が発生した場合に保護できる主回路の直流電圧（IPM の P 端子 - N 端子間電圧 [5)]）。

注 [5)]　この値を超える電圧で短絡した場合は保護できず，デバイスの破壊に至る可能性がある。

5.2.2　温度定格

5.2.2.1　チップ接合部温度，T_{vj}

チップ接合部温度には，IPM の動作保証上，次の 3 種の温度が規定される。

a)　チップ接合部の最高許容温度。

b)　通常スイッチ動作可能なチップ接合部の最高許容温度。

c)　通常スイッチ動作可能なチップ接合部の最低許容温度。

5.2.2.2　ケース温度，T_C

通常スイッチ動作可能なケース部（ベースプレート部の温度測定基準点）の最高許容温度。

5.2.2.3　保存温度，T_{stg}

保存温度は次の2種の温度が規定される。

a)　保存時に許容される周囲の最高温度。

b)　保存時に許容される周囲の最低温度。

5.2.3　機械的定格

機械的定格は外形の種類及び端子構造の種類によって適用する定格項目が異なるので，使用者側との協議の上で定格項目と規定値を決定する。試験方法は **JEITA** 規格に準拠。

（端子強度：**JEITA ED-4701/401A**，締付け強度：**JEITA ED-4701/402A**）

5.3　特性

5.3.1　電気的特性

5.3.1.1　コレクタ・エミッタ間遮断電流，I_{CES}

指定の試験設定温度及び指定の制御回路条件において，指定のコレクタ・エミッタ間電圧におけるコレクタ・エミッタ間遮断電流の最大値（**JEC-2405**：2015，**5.5.1** 参照）。

5.3.1.2　コレクタ・エミッタ間飽和電圧，V_{CEsat}

指定の試験設定温度，指定の制御回路条件及び指定のコレクタ電流におけるコレクタ・エミッタ間飽和電圧の最大値（**JEC-2405**：2015，**5.5.3** 参照）。

5.3.1.3　環流ダイオードの順電圧，V_F ／ V_{EC}

指定の試験設定温度，指定の制御回路条件及び指定の環流ダイオード順電流における環流ダイオード順電圧の最大値。

5.3.1.4　誘導負荷ターンオン遅延時間，$t_{d(on)}$

指定の試験設定温度，指定の直流電圧（IPMのP端子 - N端子間に印加する電圧），指定の制御回路条件及び指定のコレクタ電流を通電する誘導負荷条件でのターンオン過程において，IGBTへオン信号を出力するための入力部しきい値である入力オンしきい電圧の代表値に到達してから，コレクタ電流が，直前のターンオフ動作時におけるターンオフ電流値（IGBTがターンオフする直前のコレクタ電流値：**図22**のI_{CM}）の10％に上昇するまでの時間の最大値又は代表値（**JEC-2405**：2015，**5.5.12.1** 参照）。

5.3.1.5　誘導負荷ターンオン上昇時間，t_r

指定の試験設定温度，指定の直流電圧（IPMのP端子 - N端子間に印加する電圧），指定の制御回路条件及び指定のコレクタ電流を通電する誘導負荷条件でのターンオン過程において，コレクタ電流が直前のターンオフ動作時におけるターンオフ電流値の10％に上昇した時点から，90％に上昇するまでの時間の最大値又は代表値（**JEC-2405**：2015，**5.5.12.2** 参照）。

5.3.1.6　誘導負荷ターンオン時間，t_{on}

指定の試験設定温度，指定の直流電圧（IPMのP端子 - N端子間に印加する電圧），指定の制御回路条件及び指定のコレクタ電流を通電する誘導負荷条件でのターンオン過程において，入力オンしきい電圧の代表値に到達してから，コレクタ電流が，直前のターンオフ動作時におけるターンオフ電流値の90％に上昇するまでの時間t_{on}（$= t_{d(on)} + t_r$）の最大値又は代表値（**JEC-2405**：2015，**5.5.12.3** 参照）。

5.3.1.7　誘導負荷ターンオフ遅延時間，$t_{d(off)}$

指定の試験設定温度，指定の直流電圧（IPMのP端子 - N端子間に印加する電圧），指定の制御回路条件及び指定のコレクタ電流を通電する誘導負荷条件でのターンオフ過程において，IGBTへオフ信号を出力するための入力部しきい値である入力オフしきい電圧の代表値に到達してから，コレクタ電流が，ターンオフ電流値の90％に下降するまでの時間の最大値又は代表値（**JEC-2405**：2015，**5.5.12.4** 参照）。

5.3.1.8　誘導負荷ターンオフ下降時間，t_f

指定の試験設定温度，指定の直流電圧（IPMのP端子 - N端子間に印加する電圧），指定の制御回路条件及び指定のコレクタ電流を通電する誘導負荷条件でのターンオフ過程において，コレクタ電流が，ターンオフ電流値の90％から10％に降下するまでの時間の最大値又は代表値（**JEC-2405**：2015，**5.5.12.5**参照）。

5.3.1.9　誘導負荷ターンオフ時間，t_{off}

指定の試験設定温度，指定の直流電圧（IPMのP端子 - N端子間に印加する電圧），指定の制御回路条件及び指定のコレクタ電流を通電する誘導負荷条件でのターンオフ過程において，入力オフしきい電圧の代表値に到達してから，コレクタ電流が，ターンオフ電流値の10％に下降するまでの時間t_{off}（$= t_{d(off)} + t_f$）の最大値又は代表値（**JEC-2405**：2015，**5.5.12.6**参照）。

5.3.1.10　誘導負荷テイル時間，t_t

指定の試験設定温度，指定の直流電圧（IPMのP端子 - N端子間に印加する電圧），指定の制御回路条件及び指定のコレクタ電流を通電する誘導負荷条件でのターンオフ過程において，コレクタ電流が，ターンオフ電流値の10％から2％に下降するまでの時間の最大値又は代表値（**JEC-2405**：2015，**5.5.12.7**参照）。

5.3.1.11　環流ダイオードの逆回復電荷，Q_{rr}

指定の試験設定温度，指定の直流電圧（IPMのP端子 - N端子間に印加する電圧），指定の制御回路条件，指定の環流ダイオードの順電流を通電する誘導負荷条件での，指定の環流ダイオードの電流減少率（順電流から逆電流に移行する間の変化率），又は指定のインダクタンス値における環流ダイオードの逆回復過程において，逆回復電流がゼロになった時刻から，逆電流最大値I_{RM}を過ぎた後の逆電流最大値I_{RM}が，2％に減少するまでの時間の逆回復電流の時間積分値の代表値。

5.3.1.12　環流ダイオードの逆回復時間，t_{rr}

指定の試験設定温度，指定の直流電圧（IPMのP端子 - N端子間に印加する電圧），指定の制御回路条件，指定の環流ダイオードの順電流を通電する誘導負荷条件での，指定の環流ダイオードの電流減少率又は指定の直流部のインダクタンス値における環流ダイオードの逆回復過程において，逆回復電流がゼロになった時刻から，逆電流最大値I_{RM}を過ぎた後のI_{RM}の90％と，I_{RM}の25％又は50％との2点を結ぶ直線が，電流ゼロ軸と交わる時刻までの時間の最大値又は代表値。

5.3.1.13　誘導負荷ターンオン損失エネルギー，E_{on}

指定の試験設定温度，指定の直流電圧（IPMのP端子 - N端子間に印加する電圧），指定の制御回路条件及び指定のコレクタ電流を通電する誘導負荷条件でのターンオン過程において，入力オンしきい電圧の代表値に到達してから，コレクタ・エミッタ間電圧が，最大振幅の2％に降下するまでの時間の，コレクタ電流とコレクタ・エミッタ間電圧との，瞬時値の積の時間積分値（ターンオン損失エネルギー）の代表値（**JEC-2405**：2015，**5.5.12.8**参照）。

5.3.1.14　誘導負荷ターンオフ損失エネルギー，E_{off}

指定の試験設定温度，指定の直流電圧（IPMのP端子 - N端子間に印加する電圧），指定の制御回路条件及び指定のコレクタ電流を通電する誘導負荷条件でのターンオフ過程において，入力オフしきい電圧の代表値に到達してから，コレクタ電流が，ターンオフ電流の2％に降下するまでの時間の，コレクタ電流とコレクタ・エミッタ間電圧との，瞬時値の積の時間積分値（ターンオフ損失エネルギー）の代表値（**JEC-2405**：2015，**5.5.12.9**参照）。

5.3.1.15　環流ダイオードの逆回復損失エネルギー，E_{rr}／E_{dsw}

指定の試験設定温度，指定の直流電圧（IPMのP端子 - N端子間に印加する電圧），指定の制御回路条件，指定の環流ダイオードの電流減少率又は指定の直流部のインダクタンス値における環流ダイオードの逆回復過程において，逆回復電流がゼロになった時刻から，逆電流最大値 I_{RM} を過ぎた後の逆電流最大値 I_{RM} が，2％に減少するまでの時間の，逆回復電流とコレクタ・エミッタ間電圧との，瞬時値の積の時間積分値（逆回復損失エネルギー）の代表値。

5.3.1.16　制御回路電流（上アーム側），I_D ／ I_{CCP}

IPM の上アーム側において，指定の試験設定温度，指定の制御回路条件，入力信号がオフ状態又は指定周波数で IGBT への駆動信号が入力されている状態において，上アーム側の制御回路が消費する実効電流の最大値。

5.3.1.17　制御回路電流（下アーム側），I_D ／ I_{CCN}

IPM の下アーム側において，指定の試験設定温度，指定の制御回路条件，入力信号がオフ状態又は指定周波数で IGBT への駆動信号が入力されている状態において，下アーム側の制御回路が消費する実効電流の最大値。

5.3.1.18　入力オンしきい電圧，$V_{th(on)}$ ／ $V_{inth(on)}$

指定の試験設定温度及び指定の制御回路条件における，IGBT へオン信号を出力するための入力部しきい値である入力オンしきい電圧の最大値，最小値及び代表値。

5.3.1.19　入力オフしきい電圧，$V_{th(off)}$ ／ $V_{inth(off)}$

指定の試験設定温度及び指定の制御回路条件における，IGBT へオフ信号を出力するための入力部しきい値である入力オフしきい電圧の最大値，最小値及び代表値。

5.3.1.20　過電流保護レベル，I_{OC} ／短絡保護トリップレベル，*SC*

指定の試験設定温度及び指定の制御回路条件における過電流保護，又は短絡保護のトリップレベルの最小値。

5.3.1.21　過電流保護遅れ時間，t_{doc} ／短絡電流遮断遅れ時間，$t_{off(SC)}$

指定の試験設定温度及び指定の制御回路条件における過電流保護，又は短絡保護動作時の電流遮断遅れ時間の代表値。

5.3.1.22　過熱保護トリップレベル，*OT* ／過熱保護温度レベル，T_{jOH}

指定の制御回路条件における，過熱保護トリップレベル，又は過熱保護温度レベルの最小値又は代表値。

5.3.1.23　過熱保護ヒステリシス，$OT_{(hys)}$ ／ T_{jH}

指定の制御回路条件における，過熱保護ヒステリシス幅の代表値。

5.3.1.24　制御電源電圧低下保護トリップレベル，*UV* ／ V_{UV}

指定の試験設定温度における，制御電源電圧低下保護トリップレベルの最大値及び最小値。

5.3.1.25　制御電源電圧低下保護電圧リセットレベル，UV_r ／制御電源電圧低下保護ヒステリシス，V_H

指定の試験設定温度における，制御電源電圧低下保護電圧リセットレベル，又は制御電源電圧低下保護ヒステリシス幅の代表値又は最小値。

5.3.1.26　エラー出力電流（非保護動作時），$I_{FO(H)}$

指定の試験設定温度及び指定の制御回路条件における，保護動作が行われていないときのエラー出力電流の最大値。

5.3.1.27　エラー出力電流（保護動作時），$I_{FO(L)}$

指定の試験設定温度及び指定の制御回路条件における，保護動作時のエラー出力電流の代表値又は最大値。

5.3.1.28　アラーム信号電流制限用抵抗値，R_{ALM}

アラーム信号電流制限用抵抗値の最大値及び最小値。

5.3.1.29　エラー出力パルス幅，t_{FO}／アラーム時間，t_{ALM}

指定の試験設定温度及び指定の制御回路条件における，エラー出力パルス幅，又はアラーム時間の最大値及び最小値。

5.3.1.30　高電圧端子とベースプレート間の漂遊静電容量，C_P

パワー半導体モジュールとして測定する場合，指定の周波数における高電位端子とベースプレート間の漂遊静電容量（C_p）(**JEC-2407**：2017，**5.4.1.24** 参照)。

5.3.1.31　主端子間漂遊インダクタンス，L_P

主端子間の主電流が流れる経路に存在する内部配線漂遊インダクタンス（**JEC-2407**：2017，**5.4.1.25** 参照)。

5.3.1.32　部分放電開始電圧，V_i

主端子とベースプレート（ベースプレートのないモジュールは冷却体）との間に印加する電圧を，低い値から徐々に増加させたときに，部分放電が発生する電圧（**JEC-2407**：2017，**5.4.1.26** 参照)。

5.3.1.33　部分放電消滅電圧，V_e

主端子とベースプレート（ベースプレートのないモジュールは冷却体）との間に印加する電圧を，部分放電が発生する高い値から徐々に減少させたときに，部分放電が消滅する電圧（**JEC-2407**：2017，**5.4.1.27** 参照)。

5.3.2　熱的特性

JEC-2407：2017，**5.4.2** 参照。

5.3.2.1　熱抵抗，R_{th}

熱抵抗の最大値（**JEC-2407**：2017，**5.4.2.1** 参照)。

5.3.2.2　過渡熱インピーダンス，Z_{th}

過渡熱インピーダンスの最大値（**JEC-2407**：2017，**5.4.2.2** 参照)。

6　試験

6.1　一般

6.1.1　試験の種類

IPM の試験には，形式試験として実施する試験及び常規試験として実施する試験がある。

3.11　形式試験では「その形式について製造業者の指定した定格条項・特性・その他を満足することを検証するために行う試験」と規定していて，**3.12　常規試験**では「製品の性能が既に形式試験で検証されている性能を満足することを確かめるために行う試験」と規定している。

6.1.2　試験の実施方法[6)]

注[6)]　この規格では，IGBT を駆動するための入力信号はローアクティブ，すなわち信号レベルが High から Low に変化することで IGBT がオンする IPM を対象として記載している。

a)　常規試験は，全数について行う[7)]。

注[7)]　製造業者と使用者との協定によって統計的に採取された個数についての試験をもって代えてもよい。

b)　常規試験に関して，使用者が試験成績書の提示，又は試験への立会いを求める場合は，あらかじめその項目などを使用者と製造業者との協議によって決定する。

c) この規格で規定している電気的特性試験及び熱的特性試験の方法は，特性値を測定する方法を規定しているが，単に規格値を満足しているかどうかの試験法に代えてもよい。

注記 単に規格値を満足しているかどうかの試験は，特別な場合を除いて，この規格で規定している試験法の操作手順を変えることによって容易に行える。

d) 2 種類以上の試験法を規定している場合には，いずれによって試験をしてもよい。ただし，そのいずれによって試験をしたかを明示するものとする。

e) この規格で規定した試験回路は，試験目的に反せず，かつ，規定された試験波形に影響を与えない範囲で変更してもよい。またこの規格では，上アーム側の IGBT 又は環流ダイオード，若しくは下アーム側の IGBT 又は環流ダイオードのみの試験方法について記載しているが，試験方法に記載していないアーム側の IGBT 又は環流ダイオードの試験の実施を否定するものではない。

6.1.3 標準試験条件

a) 試験用電源

特記された以外の試験用の電源として，直流電源は全振幅脈動率 10 % 以下，交流電源は総合ひずみ率 10 % 以下で商用周波数（50 Hz 又は 60 Hz）のものとする。

b) 計器 [8)]

直流及び交流の電流計・電圧計などは 0.5 級を標準とし，かつ平等目盛の計器では最大目盛が測定値の 10 倍以内，0 目盛付近で目盛幅の縮小するものは，最大目盛が測定値の 4 倍以内のものを用いる。ただし，電気的特性の項目に最大値が規定されているものは，前記測定値の代わりに最大値を採用してもよい。

注 [8)] 同等精度のディジタル計測器を使用してもよい。オシロスコープで計測する場合も同様である。

c) 電圧基準点

主回路に関する試験を実施する場合の電圧側基準点は，DUT（供試対象 IPM）内の IGBT のエミッタ端子部とする。ただし，環流ダイオードの試験を実施する場合はコレクタ端子部とする。また制御回路に関する試験を実施する場合の電圧側基準点は制御回路の GND 端子とする。

d) 極性

全ての電位の極性は，電圧基準点に対する極性によって指示又は表示する。

e) チップ接合部温度（試験設定温度）

試験設定温度がチップ接合部温度の場合，チップ接合部温度は指定された温度範囲となるように基準点温度を設定する。このとき，チップ接合部温度は次の温度仕様とする。

1) チップ接合部温度を 25℃と指定された場合，25 ± 3℃とする。ただし，他の温度で測定し補正してもよい。

2) チップ接合温度を定格最高接合部温度 T_{vjmax} と指定された場合，定格最高接合部温度の 0℃～ −3℃の範囲とする。ただし，直流法などによる試験でチップ接合部温度の上昇を伴う試験の場合は，その温度上昇分だけ試験温度を下げてもよい。

6.1.4 試験の記録

供試 IPM の試験結果は記録として残す。誤った試験（例えば試験装置の故障，試験担当者の過失など）によって破損した場合には，そのデータ記録と原因説明とを書きとどめる（**JEC-2406**-2004 の **5.1.5** 参照)。

6.1.5 取扱いの注意事項

静電気で帯電された試験者，又ははんだごてからの漏れ電流などで誘起される高電圧によって，制御部が破壊され，修復不能になることがあるので，取扱いには十分注意する（**JEC-2406**-2004の**5.1.6**取扱いの注意事項による）。

6.2 試験項目

定格・特性の試験項目，及び試験の種類を**表 3**に示す。

この **JEC-2408**：2019 では，この規格の利便性を考慮して，IGBT チップを内蔵した IPM 特有の定格試験法及び特性試験法を次のとおりに規定する。

表 3内の記号は，

A：最大値，最小値，又は限界値を規定する項目

B：標準値又は代表値でも可とする項目

C：使用者と合意した試験条件によって規定する項目

であることを示す。

表 3 — 試験項目及び試験の種類

	試験項目	試験箇条番号	形式試験	常規試験	定格特性箇条番号
電気的定格試験	絶縁耐電圧，V_{isol}	**6.3.1**	A	A	**5.2.1.1**
	コレクタ・エミッタ間電圧，V_{CES}	**6.3.2**	A	A	**5.2.1.2**
	コレクタ電流，I_C，I_{CP}	**6.3.3**	A	C	**5.2.1.3**
	環流ダイオードの順電流，I_F／$-I_C$，I_{FP}／$-I_{CP}$	**6.3.4**	A	C	**5.2.1.4**
	逆バイアス安全動作領域／ターンオフスイッチング安全動作領域	**6.3.5**	A	C	**5.2.1.6**
	環流ダイオードの逆回復安全動作領域	**6.3.6**	A	C	**5.2.1.7**
	制御電源電圧，V_D／V_{CC}	**6.3.7**	A	C	**5.2.1.8**
	入力電圧，V_{CIN}／入力信号電圧，V_{in}	**6.3.7**	A	C	**5.2.1.9**
	エラー出力電圧，V_{FO}／アラーム信号電圧，V_{ALM}	**6.3.7**	A	C	**5.2.1.10**
	エラー出力電流（定格），I_{FO}／アラーム信号電流，I_{ALM}	**6.3.8**	A	C	**5.2.1.11**
	短絡時の主回路直流電圧，V_{SC}	**6.3.9**	A	C	**5.2.1.12**
機械的強度試験	端子強度（引張り）	－	A	C	**5.2.3**
	端子強度（曲げ）	－	A	C	**5.2.3**
	締付け強度（端子部）	－	A	C	**5.2.3**
	締付け強度（ベースプレート）	－	A	C	**5.2.3**
電気的特性試験	コレクタ・エミッタ間遮断電流，I_{CES}	**6.4.1**	A	A	**5.3.1.1**
	コレクタ・エミッタ間飽和電圧，V_{CEsat}	**6.4.2**	A	A	**5.3.1.2**
	環流ダイオードの順電圧，V_F／V_{EC}	**6.4.3**	A	A	**5.3.1.3**
	誘導負荷ターンオン遅延時間，$t_{d(on)}$	**6.4.4.1**	A	C	**5.3.1.4**
	誘導負荷ターンオン上昇時間，t_r	**6.4.4.1**	A	C	**5.3.1.5**
	誘導負荷ターンオン時間，t_{on}	**6.4.4.1**	A	A	**5.3.1.6**
	誘導負荷ターンオフ遅延時間，$t_{d(off)}$	**6.4.4.2**	A	C	**5.3.1.7**
	誘導負荷ターンオフ下降時間，t_f	**6.4.4.2**	A	C	**5.3.1.8**
	誘導負荷ターンオフ時間，t_{off}	**6.4.4.2**	A	A	**5.3.1.9**
	誘導負荷テイル時間，t_t	**6.4.4.2**	A	C	**5.3.1.10**
	環流ダイオードの逆回復電荷，Q_{rr}	**6.4.5**	A	C	**5.3.1.11**
	環流ダイオードの逆回復時間，t_{rr}	**6.4.5**	A	C	**5.3.1.12**
	誘導負荷ターンオン損失エネルギー，E_{on}	**6.4.4.1**	A	C	**5.3.1.13**
	誘導負荷ターンオフ損失エネルギー，E_{off}	**6.4.4.2**	A	C	**5.3.1.14**

	試験項目	試験箇条番号	形式試験	常規試験	定格特性箇条番号
電気的特性試験	環流ダイオードの逆回復損失エネルギー，E_{rr} ／ E_{dsw}	**6.4.5**	A	C	**5.3.1.15**
	制御回路電流（上アーム側），I_D ／ I_{CCP}	**6.4.6**	A	A	**5.3.1.16**
	制御回路電流（下アーム側），I_D ／ I_{CCN}	**6.4.6**	A	A	**5.3.1.17**
	入力オンしきい電圧，$V_{th(on)}$ ／ $V_{inth(on)}$	**6.4.7**	A	A	**5.3.1.18**
	入力オフしきい電圧，$V_{th(off)}$ ／ $V_{inth(off)}$	**6.4.7**	A	A	**5.3.1.19**
	過電流保護レベル，I_{OC} ／短絡保護トリップレベル，SC	**6.4.8**	A	A	**5.3.1.20**
	過電流保護遅れ時間，t_{doc} ／短絡電流遮断遅れ時間，$t_{off(SC)}$	**6.4.9**	A	C	**5.3.1.21**
	過熱保護トリップレベル，OT ／過熱保護温度レベル，T_{jOH}	**6.4.10**	A	C	**5.3.1.22**
	過熱保護ヒステリシス，$OT_{(hys)}$ ／ T_{jH}	**6.4.10**	A	C	**5.3.1.23**
	制御電源電圧低下保護トリップレベル，UV ／ V_{UV}	**6.4.11**	A	A	**5.3.1.24**
	制御電源電圧低下保護電圧リセットレベル，UV_r ／制御電源電圧低下保護ヒステリシス，V_H	**6.4.11**	A	C	**5.3.1.25**
	エラー出力電流（非保護動作時），$I_{FO(H)}$	**6.4.12**	A	A	**5.3.1.26**
	エラー出力電流（保護動作時），$I_{FO(L)}$	**6.4.12**	A	A	**5.3.1.27**
	アラーム信号電流制限抵抗値，R_{ALM}	**6.4.12**	A	C	**5.3.1.28**
	エラー出力パルス幅，t_{FO} ／アラーム時間，t_{ALM}	**6.4.8** **6.4.10** **6.4.11**	A	A	**5.3.1.29**
	高電圧端子とベースプレートとの間の漂遊静電容量，C_P	－	A	C	**5.3.1.30**
	主端子間漂遊インダクタンス，L_P	－	A	C	**5.3.1.31**
	部分放電開始電圧，V_i	－	C	C	**5.3.1.32**
	部分放電消滅電圧，V_e	－	C	C	**5.3.1.33**
熱的特性試験	熱抵抗，R_{th}	**6.5.1**	A	A	**5.3.2.1**
	過渡熱インピーダンス，Z_{th}	**6.5.2**	A	C	**5.3.2.2**
外 観 検 査		**6.7**	A	A	－

注記 高電圧端子とベースプレートとの間の漂遊静電容量，主端子間漂遊インダクタンス，部分放電用開始電圧及び部分放電消滅電圧の各試験は，**JEC-2407**：2017 を参照のこと。

6.3 電気的定格試験

全ての定格試験は，それらの試験終了後に**表 4** に示す IPM の特性を測定し，合格判定基準の上限値 USL を超えず，かつ下限値 LSL が設定されている特性については下回らずに，正常であることを確かめる必要がある。

表 4 — 供試 IPM の定格試験終了後の合格判定基準

合格判定特性	合格判定基準
コレクタ・エミッタ間遮断電流，I_{CES}	$I_{CES} \leqq$ USL
コレクタ・エミッタ間飽和電圧，V_{CEsat}	$V_{CEsat} \leqq$ USL
環流ダイオードの順電圧，V_F ／ V_{EC}	V_F ／ $V_{EC} \leqq$ USL
過電流保護レベル，I_{OC} ／短絡保護トリップレベル，SC	I_{OC} ／ $SC \geqq$ LSL
制御電源電圧低下保護トリップレベル，UV	LSL $\leqq UV \leqq$ USL
制御回路電流（上アーム側），I_D ／ I_{CCP} 制御回路電流（下アーム側），I_D ／ I_{CCN}	I_D ／ $I_{CCP} \leqq$ USL I_D ／ $I_{CCN} \leqq$ USL

注記 USL：指定の上限値，LSL：指定の下限値

6.3.1　絶縁耐電圧試験

a） 目的

指定の条件で，供試 IPM の電極端子とベースプレート又は冷却体との間が定格絶縁耐電圧に耐えられることを確認する。

b） 試験回路

基本回路を**図 4** に示す。

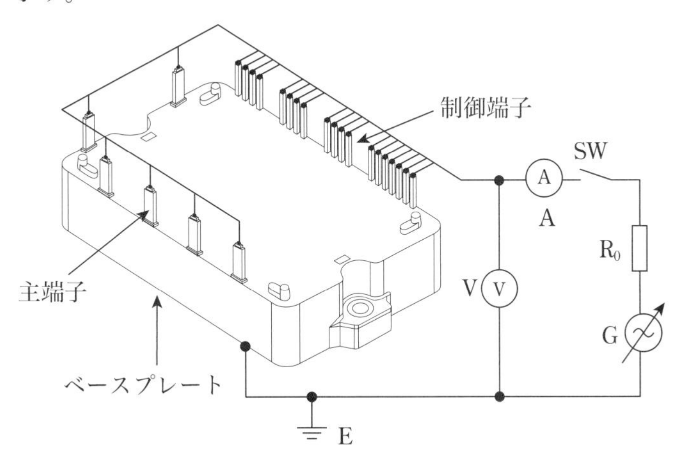

DUT：供試 IPM
G　：定格絶縁耐電圧印加用の可変電圧源
R_0　：電流制限抵抗
SW　：スイッチ
V　：印加電圧測定用電圧計
A　：漏れ電流測定用ミリアンペア電流計又は電流プローブ
E　：接地電位

図 4 ― 絶縁耐電圧試験回路

c） 試験手順

1） DUT の全ての端子（主端子と制御端子）を電気的に短絡し，試験回路に接続する。

2） ベースプレート又は冷却体を接地する。

3） 電極端子とベースプレート又は冷却体との間に電圧が印加されるように回路を接続する。

4） スイッチ SW を閉じ，電圧を定格絶縁耐電圧まで徐々に上げ，指定の時間その状態を維持する。

5） 電圧印加中，絶縁破壊が起きないことを確認する。

6） 指定時間経過後，電圧を十分に下げたのちにスイッチを開く。

d） 試験条件

1） 印加電圧　　定格値

2） 電圧印加時間　　1 分間又は指定値

3） 試験設定温度　　指定値

6.3.2　コレクタ・エミッタ間電圧試験

a） 目的

指定の条件で，供試 IPM が定格コレクタ・エミッタ間電圧に耐えられることを確認する。

b） 直流法

1） 試験回路

基本回路を**図 5** に示す。

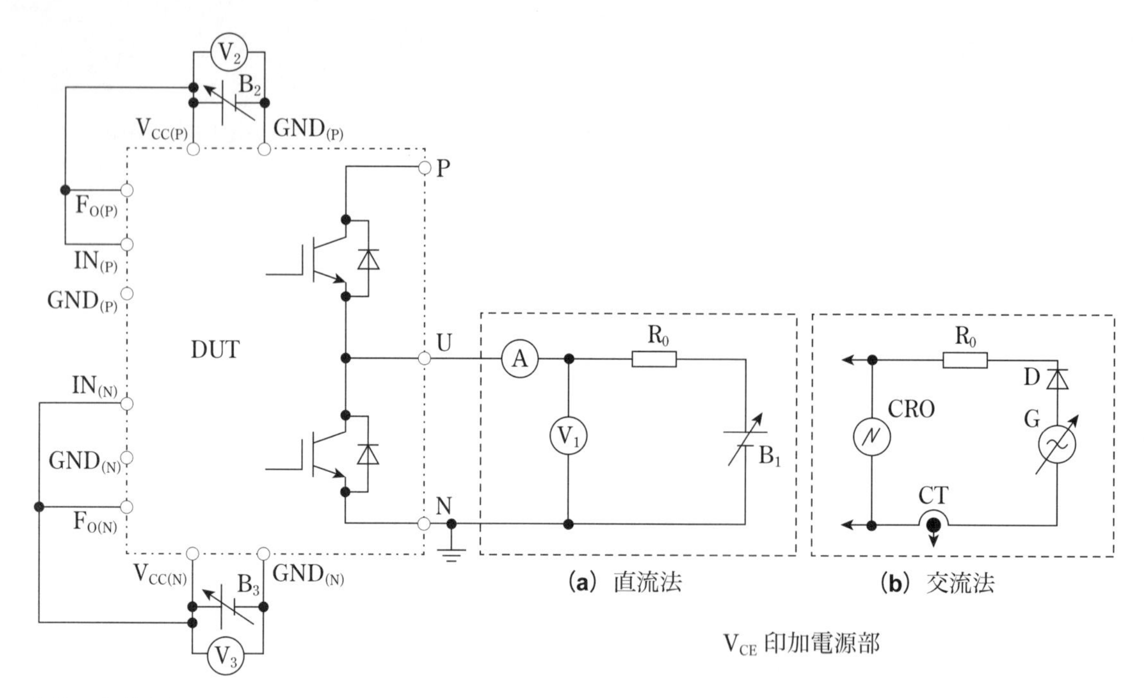

DUT：供試 IPM

B_1　：コレクタ・エミッタ間電圧印加用可変直流電源

B_2　：上アーム側制御電源電圧源

B_3　：下アーム側制御電源電圧源

G　：コレクタ・エミッタ間電圧印加用可変交流電源

R_0　：電流制限抵抗

CT　：電流検出器

D　：整流用ダイオード

V_1　：コレクタ・エミッタ間電圧測定用電圧計

V_2　：上アーム制御電源電圧観測用直流電圧計

V_3　：下アーム制御電源電圧観測用直流電圧計

A　：コレクタ電流測定用電流計

CRO：オシロスコープ

図 5 ― コレクタ・エミッタ間電圧試験回路

2） 試験手順

2.1） DUT に**図 5** に示す試験回路を接続する。

2.2） DUT の基準点を熱板や恒温槽などで指定の温度にする。

2.3） $V_{CC(P)}$端子 - $GND_{(P)}$端子間には制御電源電圧源 B_2 にて，$V_{CC(N)}$端子 - $GND_{(N)}$端子間には制御電源電圧源 B_3 にて指定の電圧を印加する。

2.4） 可変直流電源 B_1 によってコレクタ・エミッタ間電圧（V_{CE}）を徐々に上げて，規定の値に設定する。

2.5） 試験後 DUT の特性に異常がないことを確認する。

注記　異常の有無の判断基準は，製造業者が決める。次からの試験においても同様である。

3） 試験条件

3.1） 制御電源電圧（B_2，B_3 の電圧）　指定値

3.2） コレクタ・エミッタ間電圧（B_1 の電圧）　定格コレクタ・エミッタ間電圧

3.3） 基準点温度　指定値

c） 交流法

図 5 において，V_{CE} 印加電源部を（**b**）の回路と置き換えることで，直流法と同一の手順で試験を行う。コレクタ・エミッタ間電圧はピーク値を規定の値に設定する。

1） 試験条件

1.1） 制御電源電圧（B_2，B_3 の電圧）　指定値

1.2） コレクタ・エミッタ間電圧（G の電圧のピーク値）　定格コレクタ・エミッタ間電圧

1.3） 基準点温度　指定値

6.3.3 コレクタ電流試験

a） 目的

指定の条件で，DUT が定格コレクタ電流に耐えられることを確認する。

b） 直流法

1） 試験回路

基本回路を**図 6** に示す。

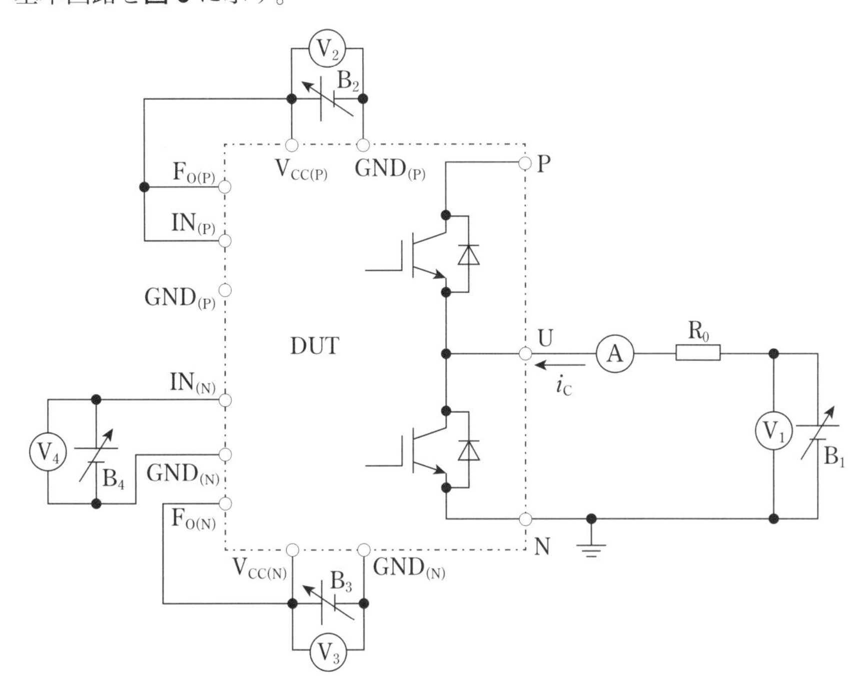

DUT：供試 IPM

B_1	：コレクタ電流供給用可変定電圧電源	V_1	：可変定電圧電源観測用直流電圧計
B_2	：上アーム側制御電源電圧源	V_2	：上アーム側制御電源電圧観測用直流電圧計
B_3	：下アーム側制御電源電圧源	V_3	：下アーム側制御電源電圧観測用直流電圧計
B_4	：下アーム側入力信号用電圧源	V_4	：下アーム側入力信号観測用直流電圧計
R_0	：電流制限抵抗	A	：コレクタ電流測定用電流計

図 6 — コレクタ電流試験回路（直流法）

2） 試験手順

2.1） DUT に**図 6** に示す試験回路を接続する。

2.2） DUT を熱板や恒温槽などで指定の温度にする。

2.3） $V_{CC(P)}$ 端子 - $GND_{(P)}$ 端子間には制御電源電圧源 B_2 にて，$V_{CC(N)}$ 端子 - $GND_{(N)}$ 端子間には制御電源電圧源 B_3 にて指定の電圧を印加する。

2.4） $IN_{(N)}$ 端子 - $GND_{(N)}$ 端子間に入力信号用電圧源 B_4 にて指定の電圧を印加する。

2.5） 定格コレクタ電流（I_C）が流れるよう可変定電圧電源 B_1 を印加し通電する。

2.6） 試験後，DUT の特性に異常がないことを確認する。

3） 試験条件

3.1） コレクタ電流　定格コレクタ電流値

3.2） 制御電源電圧（B_2，B_3 の電圧）　指定値

3.3） $IN_{(N)}$ 端子 - $GND_{(N)}$ 端子間電圧（B_4 の電圧）　指定値

3.4） 試験設定温度　指定値

c） パルス法

1） 試験回路

基本回路を**図 7** に示す。

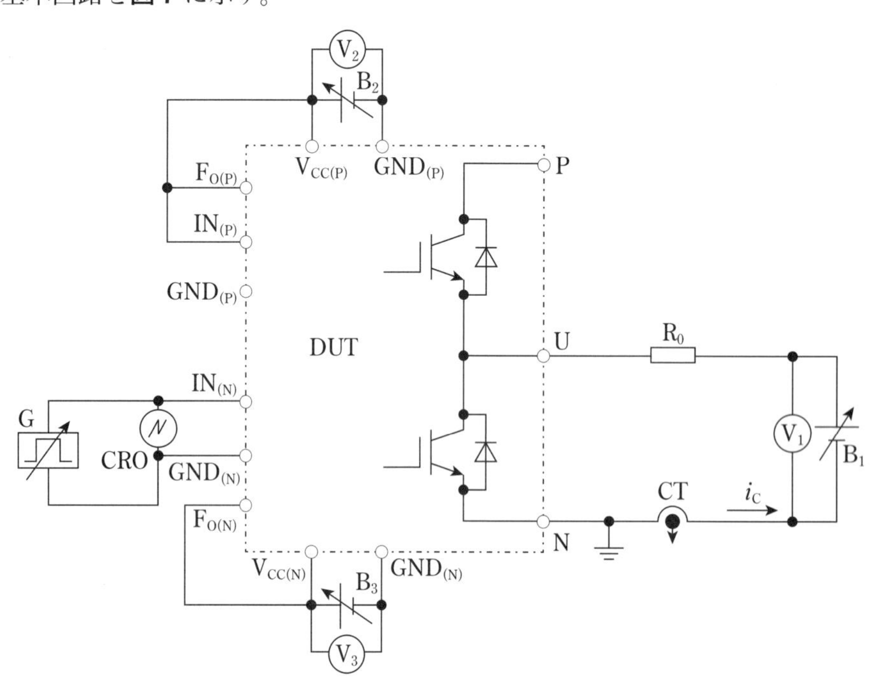

DUT：供試 IPM
B_1　：コレクタ電流供給用可変定電圧電源
B_2　：上アームの制御電源電圧源
B_3　：下アームの制御電源電圧源
G　：可変パルス電源
CRO：オシロスコープ
CT　：電流検出器
R_0　：電流制限抵抗
V_1　：可変定電圧電源観測用電圧計
V_2　：上アーム側制御電源電圧観測用直流電圧計
V_3　：下アーム側制御電源電圧観測用直流電圧計

図 7 — コレクタ電流試験回路（パルス法）

2） 試験手順

2.1） DUT に**図 7** に示す試験回路を接続する。

2.2） DUT を熱板や恒温槽などで指定の温度にする。

2.3） $V_{CC(P)}$ 端子 - $GND_{(P)}$ 端子間には制御電源電圧源 B_2 にて，$V_{CC(N)}$ 端子 - $GND_{(N)}$ 端子間には制御電源電圧源 B_3 にて指定の電圧を印加する。

2.4） $IN_{(N)}$ 端子 - $GND_{(N)}$ 端子間に指定の電圧・周波数・デューティのパルス電圧を印加する。

2.5） 定格のピークコレクタ電流（I_{CP}）が流れるよう可変定電圧電源 B_1 を印加し通電する。

2.6） 試験後，DUT の特性に異常がないことを確認する。

3） 試験条件

3.1） コレクタ電流　定格ピークコレクタ電流値

3.2） 制御電源電圧（B_2，B_3 の電圧）　指定値

3.3） $IN_{(N)}$ 端子 - $GND_{(N)}$ 端子間入力信号　指定条件

3.4） 試験設定温度　　指定値

6.3.4 環流ダイオード順電流試験

a） 目的

指定の条件でDUTの環流ダイオードが，環流ダイオード順電流の定格値に耐えられることを確認する。

b） 試験回路

基本回路を**図8**に示す。

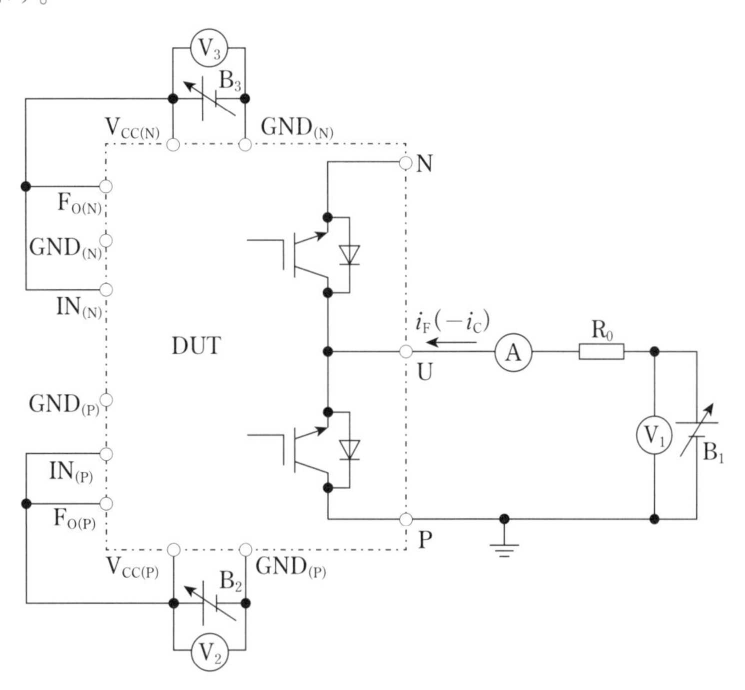

DUT：供試IPM

B_1	：環流ダイオード順電流供給用可変定電圧電源	A	：環流ダイオード順電流測定用電流計
B_2	：上アーム側制御電源電圧源	V_1	：可変定電圧電源観測用電圧計
B_3	：下アーム側制御電源電圧源	V_2	：上アーム側制御電源電圧観測用直流電圧計
R_0	：電流制限抵抗	V_3	：下アーム側制御電源電圧観測用直流電圧計

図8 — 環流ダイオード順電流試験回路

c） 試験手順

1） DUTに**図8**に示す試験回路を接続する。

2） DUTを熱板や恒温槽などで指定の温度にする。

3） $V_{CC(P)}$端子 - $GND_{(P)}$端子間には制御電源電圧源B_2にて，$V_{CC(N)}$端子 - $GND_{(N)}$端子間には制御電源電圧源B_3にて指定の電圧を印加する。

4） 供試対象アームの環流ダイオードに定格の電流I_Fが流れるよう可変定電圧電源B_1を印加し通電する。

d） 試験条件

1） 制御電源電圧（B_2，B_3の電圧）　　指定値

2） 環流ダイオードの順電流　　定格値

3） 試験設定温度　　指定値

6.3.5 逆バイアス安全動作領域試験／ターンオフスイッチング安全動作領域試験

a) 目的

指定の条件でDUTが逆バイアス安全動作領域において安全にターンオフできることを確認する。

b) 試験回路

基本回路を**図 9** に，動作波形を**図 10** に示す。

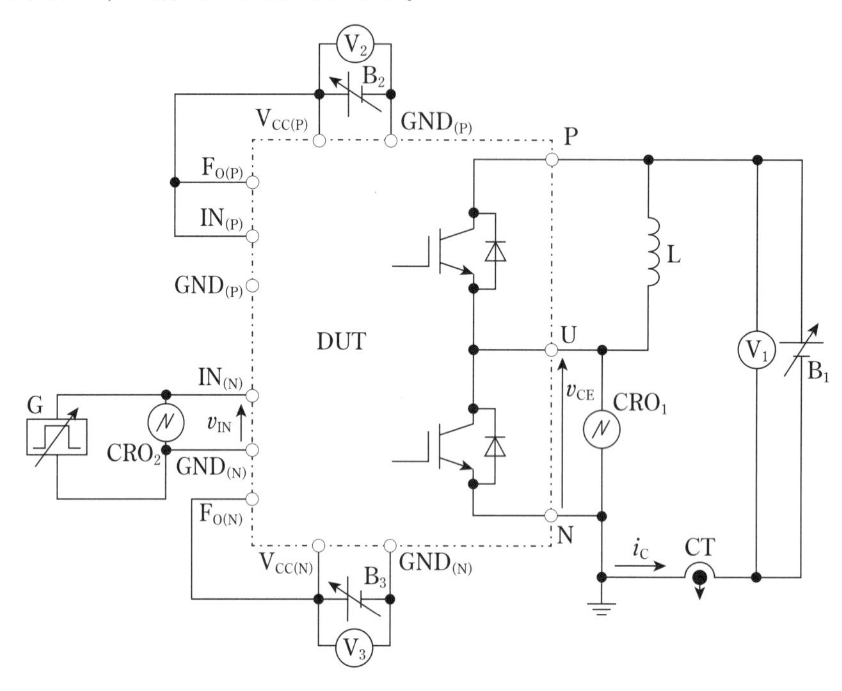

DUT ：供試 IPM
B_1 ：P 端子 - N 端子間電圧印加用（コレクタ電流供給用）可変定電圧電源
B_2 ：上アーム側制御電源電圧源
B_3 ：下アーム側制御電源電圧源
L ：負荷リアクトル
G ：可変パルス電源
CRO_1：コレクタ・エミッタ間電圧観測用オシロスコープ
CRO_2：$IN_{(N)}$ 端子 - $GND_{(N)}$ 端子間電圧観測用オシロスコープ
CT ：電流検出器
V_1 ：直流主電圧（P 端子 - N 端子間に印加する電圧）観測用直流電圧計
V_2 ：上アーム側制御電源電圧観測用直流電圧計
V_3 ：下アーム側制御電源電圧観測用直流電圧計

図 9 ― 逆バイアス安全動作領域試験回路

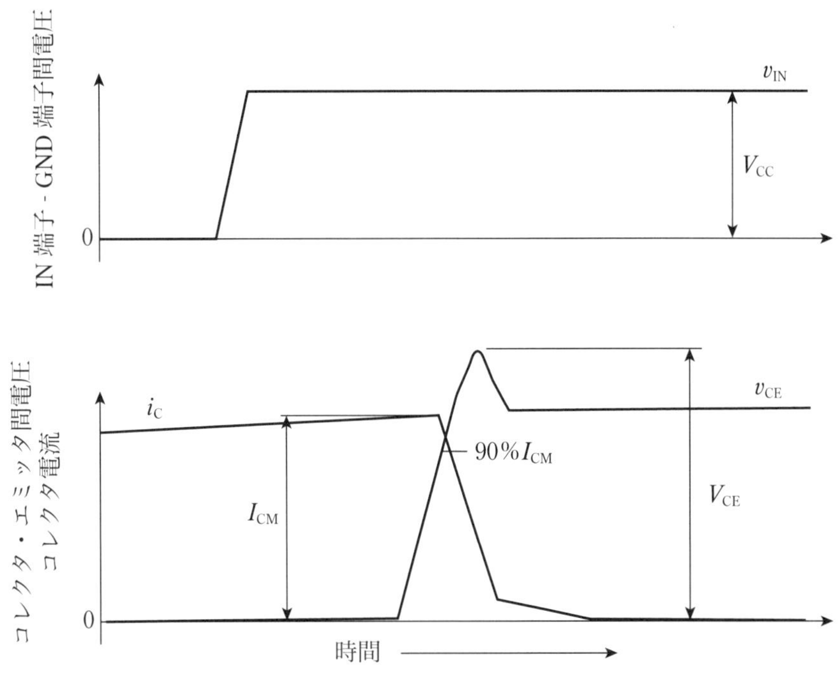

図 10 — 逆バイアス安全動作領域試験時の動作波形

c) 試験手順

1) DUT に**図 9** に示す試験回路を接続する。

2) DUT を熱板や恒温槽などで指定の温度にする。

3) $V_{CC(P)}$ 端子 - $GND_{(P)}$ 端子間には制御電源電圧源 B_2 にて，$V_{CC(N)}$ 端子 - $GND_{(N)}$ 端子間には制御電源電圧源 B_3 にて指定の電圧を印加する。

4) $IN_{(N)}$ 端子 - $GND_{(N)}$ 端子間に電圧印加用可変パルス電源 G にて指定の期間下アーム側 IGBT をオンさせせ，負荷リアクトルに，指定のコレクタ電流値となる電流を流す。次に下アーム側 IGBT をターンオフさせる。

5) 2 現象又は 3 現象オシロスコープで**図 10** に示すようなターンオフ波形を観測しながら，コレクタ電流供給用可変定電圧電源 B_1 にて V_{CE} を規定の電圧まで上昇させ，DUT の安全動作領域を確認する。

なお，オシロスコープ CRO_1 及び電流検出器 CT の代わりに，X-Y オシロスコープを用いて電流電圧軌跡を観測する方法でもよい。

6) 試験後，DUT の特性に異常がないことを確認する。

d) 試験条件

1) コレクタ電流　　指定値

2) 制御電源電圧（B_2，B_3 の電圧）　　指定値

3) $IN_{(N)}$ 端子 - $GND_{(N)}$ 端子間入力信号　　指定条件

4) 直流主電圧（IPMのP 端子 - N 端子間に印加する B_1 の電圧）　　指定値

5) 試験設定温度　　指定値

6.3.6 環流ダイオード逆回復安全動作領域試験

a) 目的

指定の条件で DUT の環流ダイオードが，環流ダイオードの逆回復安全動作領域において，安全に

逆回復できることを確認する。

b） 試験回路

基本回路を**図 11** に，動作波形を**図 12** に示す。

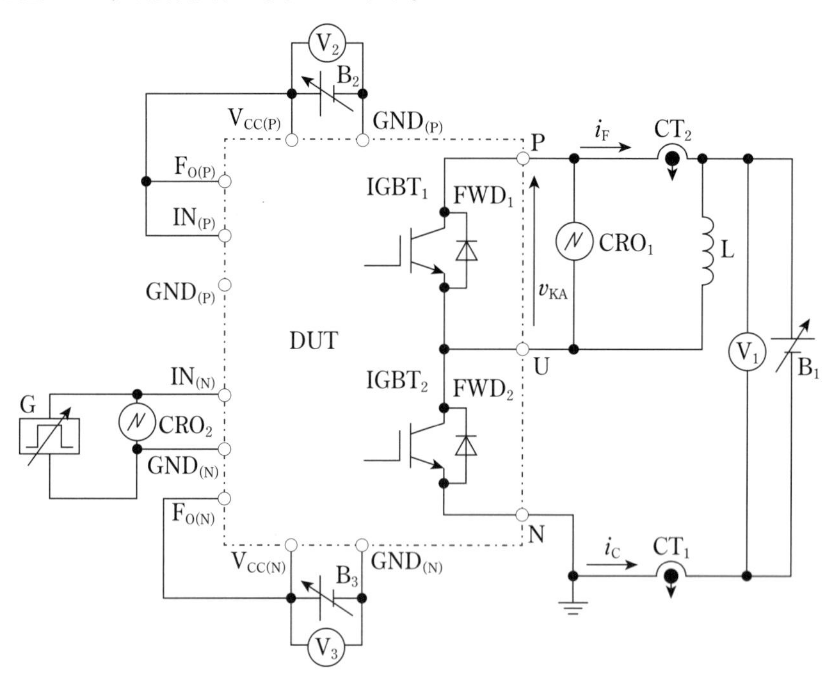

DUT ：供試 IPM
B_1 ：P 端子 - N 端子間電圧印加用（コレクタ電流供給用）可変定電圧電源
B_2 ：上アーム側制御電源電圧源
B_3 ：下アーム側制御電源電圧源
L ：負荷リアクトル
G ：可変パルス電源
CRO_1：環流ダイオード逆電圧測定用オシロスコープ
CRO_2：$IN_{(N)}$ 端子 - $GND_{(N)}$ 端子間電圧観測用オシロスコープ
CT_1 ：$IGBT_2$コレクタ電流検出器
CT_2 ：FWD_1電流検出器
V_1 ：直流主電圧（P 端子 - N 端子間に印加する電圧）観測用直流電圧計
V_2 ：上アーム側制御電源電圧観測用直流電圧計
V_3 ：下アーム側制御電源電圧観測用直流電圧計

図 11 ― 環流ダイオード逆回復安全動作領域試験回路

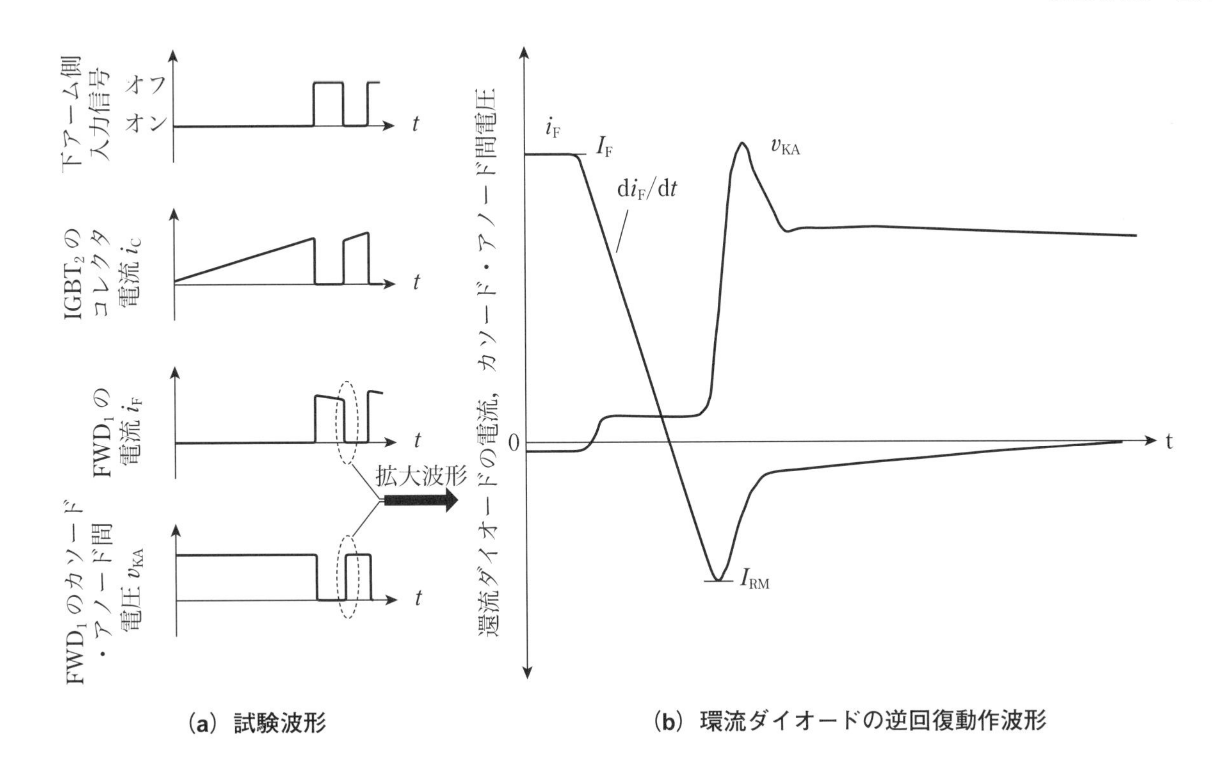

（a）試験波形

（b）環流ダイオードの逆回復動作波形

I_{RM}　：逆電流最大値

図 12 — 試験波形と環流ダイオードの逆回復時の動作波形

c） 試験手順

1） DUT に**図 11** に示す試験回路を接続する。

2） DUT を熱板や恒温槽などで指定の温度にする。

3） $V_{CC(P)}$ 端子 - $GND_{(P)}$ 端子間には制御電源電圧源 B_2 にて，$V_{CC(N)}$ 端子 - $GND_{(N)}$ 端子間には制御電源電圧源 B_3 にて指定の電圧を印加する。

4） DUTのP 端子 - N 端子間にはコレクタ電流供給用可変定電圧電源 B_1 にて，指定の電圧値に設定する。

5） $IN_{(N)}$ 端子 - $GND_{(N)}$ 端子間に電圧印加用可変パルス電源G によって，下アーム側の $IGBT_2$ を 2 回ターンオン・ターンオフさせる。

6） 1 回目のターンオンで負荷リアクトルL に指定の電流 I_F を通電する。1 回目のターンオフによって，負荷リアクトル L の電流は DUT の環流ダイオード FWD_1 に転流し，ほぼ一定の順電流 I_F を流す。

7） 2 回目のターンオンによって，環流ダイオードの蓄積電荷のため逆回復電流が環流ダイオード FWD_1 に流れ，環流ダイオード FWD_1 の蓄積電荷が消滅する過程でカソード・アノード間に急しゅんな逆回復電圧 v_{KA} が発生する。この間の環流ダイオード FWD_1 の電流 i_F 及び逆回復電圧 v_{KA} の波形をオシロスコープ CRO_1 で観測し，安全に逆回復することを確認する。

8） 下アームをターンオフ（2 回目）させて試験を終了する。

9） 試験後，DUT の特性に異常がないことを確認する。

d） 試験条件

1） 環流ダイオード順電流　　指定値

2） 制御電源電圧（B_2，B_3 の電圧）　　指定値

3） $IN_{(N)}$ 端子 -$GND_{(N)}$ 端子間入力信号　　指定条件

4） 直流主電圧（IPM の P 端子 - N 端子間に印加する B_1 の電圧）　　指定値

5） 試験設定温度　　指定値

6.3.7 制御電源電圧試験，入力電圧試験／入力信号電圧試験，エラー出力電圧試験／アラーム信号電圧試験

a）目的

指定の条件で DUT の制御回路に制御回路の定格電圧を印加したときに異常がないことを確認する。

b）試験回路

基本回路を**図 13** に示す。

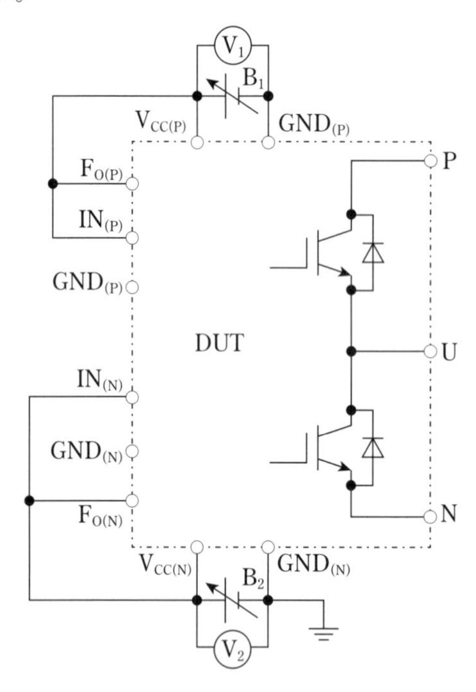

DUT：供試 IPM

B_1　：上アーム側制御電源電圧源　　V_1　：上アーム側制御電源電圧観測用直流電圧計

B_2　：下アーム側制御電源電圧源　　V_2　：下アーム側制御電源電圧観測用直流電圧計

図 13 — 制御電源電圧試験，入力電圧試験／入力信号電圧試験，エラー出力電圧試験／アラーム信号電圧試験回路

c） 試験手順

1） DUT に**図 13** に示す試験回路を接続する。

2） DUT を熱板や恒温槽などで指定の温度にする。

3） $V_{CC(P)}$ 端子 - $GND_{(P)}$ 端子間には制御電源電圧源 B_1 にて，$V_{CC(N)}$ 端子 - $GND_{(N)}$ 端子間には制御電源電圧 B_2 にて指定の電圧を印加する。

4） 試験後に異常がないことを確認する。

d） 試験条件

1） 制御電源電圧（B_1，B_2 の電圧）　　指定値

2） 試験設定温度　　指定値

6.3.8 エラー出力電流試験／アラーム信号電流試験

a） 目的

指定の条件でDUTの制御回路に制御回路の定格電流を流したときに異常がないことを確認する。

b） 試験回路

基本回路を**図 14** に示す。

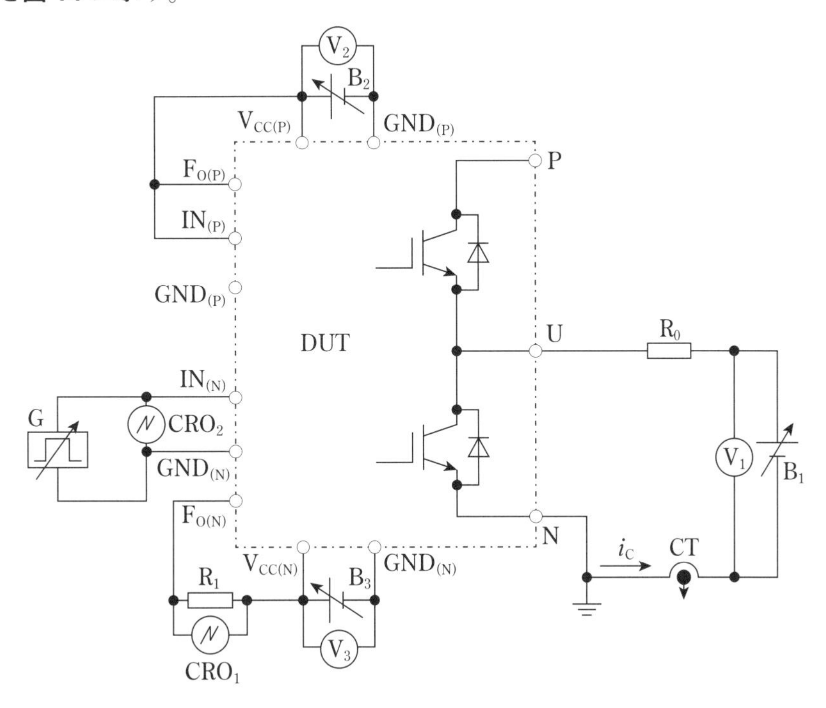

DUT：供試 IPM
B_1　：コレクタ電流供給用可変定電圧電源
B_2　：上アーム側制御電源電圧源
B_3　：下アーム側制御電源電圧源
R_0　：電流制限抵抗
G　：可変パルス電源
CRO_1：エラー出力電流観測用オシロスコープ
CRO_2：$IN_{(N)}$ 端子 - $GND_{(N)}$ 端子間電圧観測用オシロスコープ
R_1　：エラー出力電流モニター用抵抗
CT　：電流検出器
V_1　：可変定電圧電源観測用電圧計
V_2　：上アーム側制御電源電圧観測用直流電圧計
V_3　：下アーム側制御電源電圧観測用直流電圧計

図 14 — エラー出力電流試験／アラーム信号電流試験　回路

c） 試験手順

1） DUTに**図 14** に示す試験回路を接続する。

2） DUTを熱板や恒温槽などで指定の温度にする。

3） $V_{CC(P)}$ 端子 - $GND_{(P)}$ 端子間には制御電源電圧源 B_2 にて，$V_{CC(N)}$ 端子 - $GND_{(N)}$ 端子間には制御電源電圧源 B_3 にて指定の電圧を印加する。

4） $IN_{(N)}$ 端子 - $GND_{(N)}$ 端子間に電圧印加用可変パルス電源Gにてオン信号を入力する。

5） コレクタ電流供給用可変定電圧電源 B_1 にて，過電流保護／短絡保護が動作するまで電圧を印加する。

6） 過電流保護／短絡保護動作時に，$F_{O(N)}$ 端子に流れる電流をオシロスコープCROで観測し，定格電流に耐えることを確認する。

7） 試験後に異常がないことを確認する。

d） 試験条件

1） コレクタ電流　　過電流保護／短絡保護　電流値

2） F_O 端子に流す電流　　指定値

3） 制御電源電圧（B_2，B_3 の電圧）　　指定値

4） $IN_{(N)}$ 端子 - $GND_{(N)}$ 端子間入力信号　　指定条件

5） 試験設定温度　　指定値

6.3.9　短絡時の主回路直流電圧試験

a） 目的

指定の条件で，DUT が短絡時に保護機能にて保護され，かつ短絡保護動作に耐えられることを確認する。

b） 試験回路

基本回路を**図 15** に，その動作波形を**図 16** に示す。

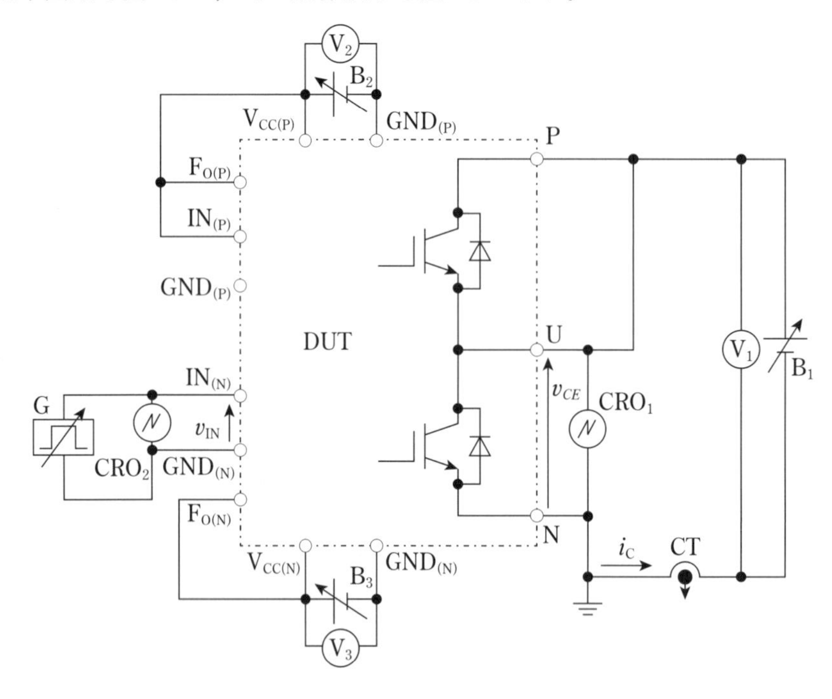

DUT：供試 IPM
B_1　：コレクタ電流供給用可変定電圧電源
B_2　：上アーム側制御電源電圧源
B_3　：下アーム側制御電源電圧源
G　：可変パルス電源
CT　：電流検出器
V_1　：直流主電圧（P 端子 - N 端子間に印加する電圧）観測用直流電圧計
V_2　：上アーム制御電源観測用直流電圧計
V_3　：下アーム制御電源観測用直流電圧計
CRO_1：コレクタ・エミッタ間電圧観測用オシロスコープ
CRO_2：$IN_{(N)}$ 端子 - $GND_{(N)}$ 端子間電圧観測用オシロスコープ

図 15 — 短絡時の主回路直流電圧試験回路

c） 試験手順

1） DUT に**図 15** に示す試験回路を接続する。

2） DUT を熱板や恒温槽などで指定の温度にする。

3） $V_{CC(P)}$ 端子 - $GND_{(P)}$ 端子間には制御電源電圧源 B_2 にて，$V_{CC(N)}$ 端子 - $GND_{(N)}$ 端子間には制御電源電圧源 B_3 にて指定の電圧を印加する。また P 端子 - N 端子間にも B_1 にて，指定の電圧を印加する。

4） $IN_{(N)}$ 端子 - $GND_{(N)}$ 端子間に電圧印加用可変パルス電源 G によってオン信号（通常 10 μs 以上）を入力し，短絡電流を流した後に破壊していないことを確認する。

d） 試験条件

1） 制御電源電圧（B_2，B_3 の電圧）　指定値

2） 直流主電圧（IPM の P 端子 - N 端子間に印加する B_1 の電圧）　指定値

3） $IN_{(N)}$ 端子 - $GND_{(N)}$ 端子間入力信号　指定条件

4） 試験設定温度　指定値

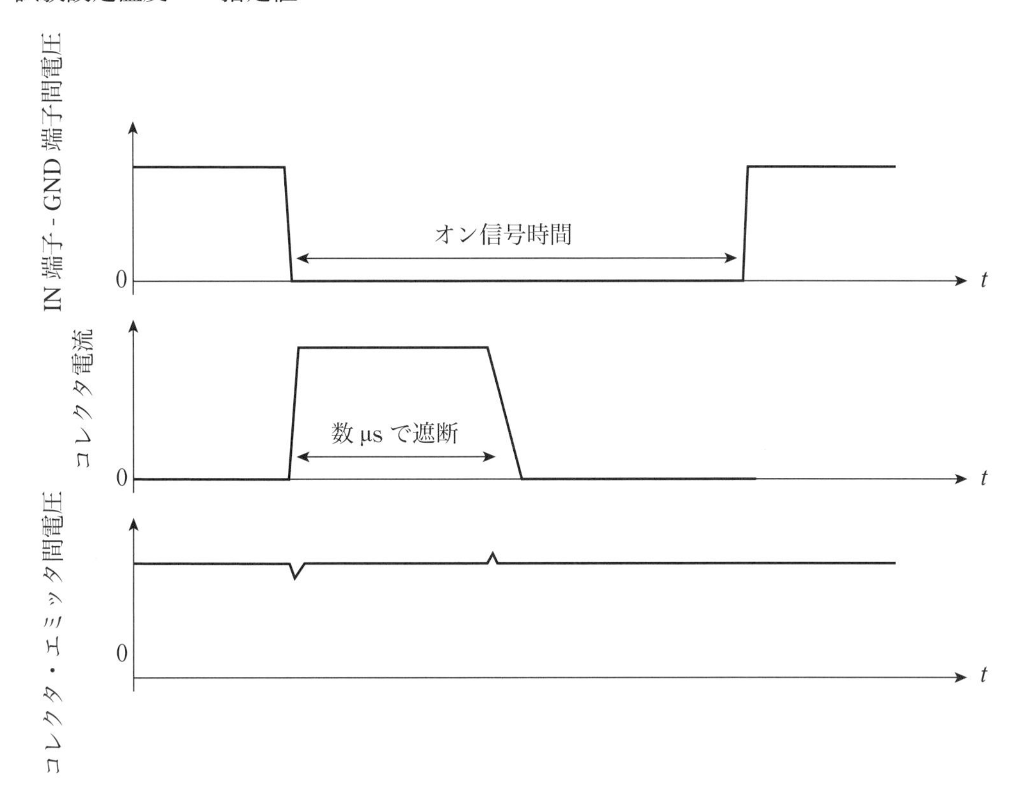

図 16 — 短絡時の動作波形

6.4　電気的特性試験

6.4.1　コレクタ・エミッタ間遮断電流試験

（**JEC-2405**：2015，**6.4.1** 参照）

a） 目的

指定の条件で，DUT のコレクタ・エミッタ間遮断電流を測定する。

b） 試験回路

基本回路を**図 17** に示す。

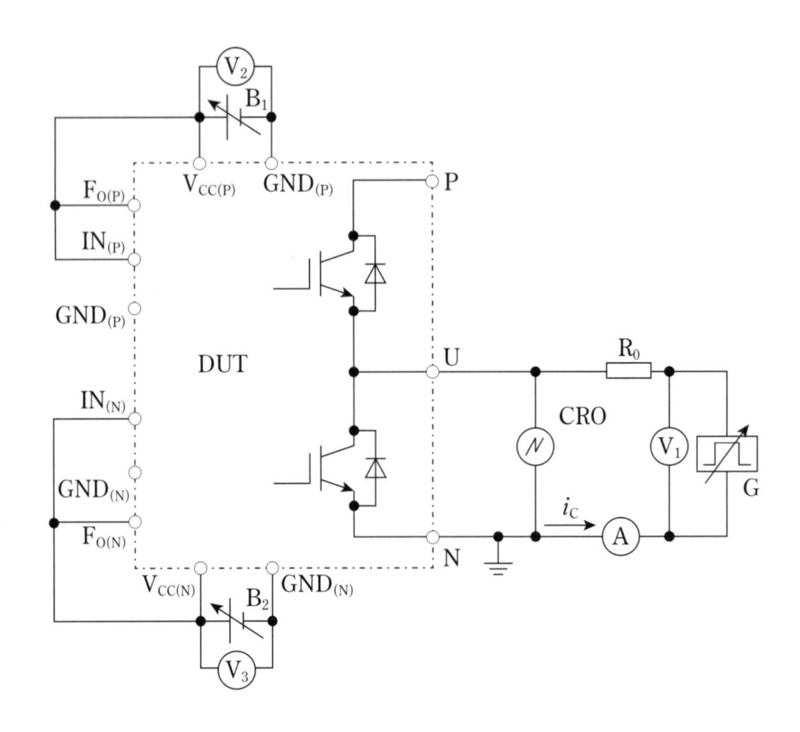

DUT：供試 IPM
G　：コレクタ・エミッタ間電圧印加用可変パルス電源
B_1　：上アーム側制御電源電圧源
B_2　：下アーム側制御電源電圧源
R_0　：電流制限抵抗
CRO：コレクタ・エミッタ間電圧観測用オシロスコープ
A　：コレクタ・エミッタ間遮断電流測定用電流計
V_1　：可変定電圧電源観測用電圧計
V_2　：上アーム側制御電源電圧観測用直流電圧計
V_3　：下アーム側制御電源電圧観測用直流電圧計

図 17 ― コレクタ・エミッタ間遮断電流試験回路

c）試験手順

1）DUT に**図 17** に示す試験回路を接続する。

2）DUT を熱板，恒温槽などで指定の温度にする。

3）$V_{CC(P)}$ 端子 - $GND_{(P)}$ 端子間には制御電源電圧源 B_1 にて，$V_{CC(N)}$ 端子 - $GND_{(N)}$ 端子間には制御電源電圧源 B_2 にて指定の電圧を印加する。

4）可変パルス電源 G を指定の電圧値に設定して，供試対象アームのコレクタ・エミッタ間に印加し，そのときのコレクタ（又はエミッタ）電流 $I_{CES\_}$ を計測する。

注記　計測が終了したら可変パルス電源 B_1 を落とし，電圧が降下し終えるまでは制御電源電圧源 B_2 を落としてはならない。

d）試験条件

1）制御回路条件（B_1，B_2 の電圧）　　指定の条件

2）コレクタ・エミッタ間電圧（可変パルス電源 G の電圧）　　指定値

3）試験設定温度　　指定値

6.4.2　コレクタ・エミッタ間飽和電圧試験

a）目的

指定の条件で，DUT のコレクタ・エミッタ間飽和電圧を測定する。

b) 直流法

1) 試験回路

基本回路を**図 18** に示す。

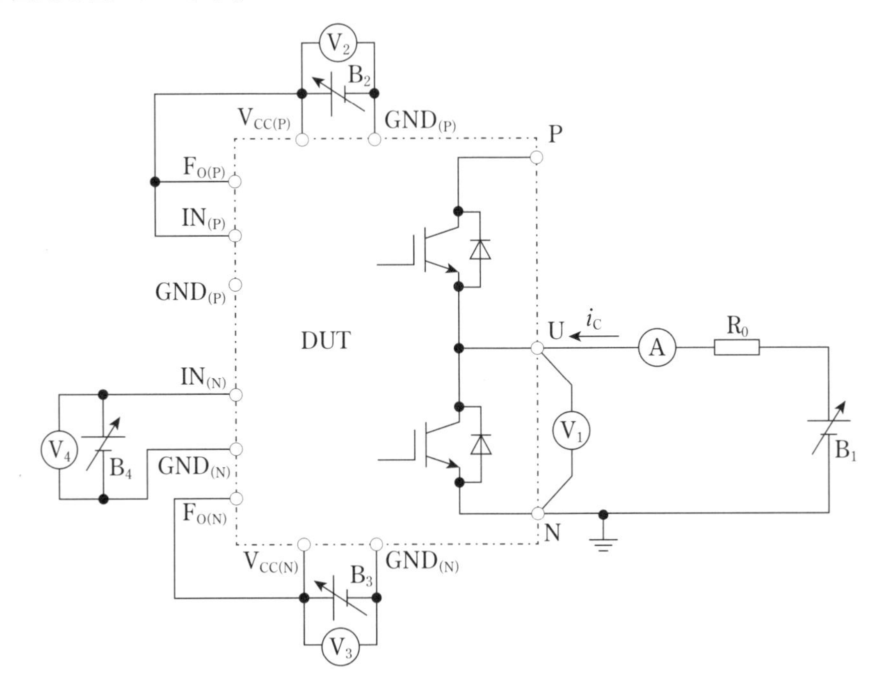

DUT：供試 IPM

B_1	：コレクタ電流供給用可変定電圧電源	V_1	：コレクタ・エミッタ間電圧測定用電圧計
B_2	：上アーム側制御電源電圧源	V_2	：上アーム側制御電源観測用直流電圧計
B_3	：下アーム側制御電源電圧源	V_3	：下アーム側制御電源観測用直流電圧計
B_4	：下アーム側入力信号用電圧源	V_4	：下アーム側入力信号観測用直流電圧計
R_0	：電流制限抵抗	A	：コレクタ電流測定用電流計

図 18 — コレクタ・エミッタ間飽和電圧試験回路（直流法）

2) 試験手順

2.1) DUT に**図 18** に示す試験回路を接続する。

2.2) DUT を熱板や恒温槽などで指定の温度にする。

2.3) $V_{CC(P)}$ 端子 - $GND_{(P)}$ 端子間には制御電源電圧源 B_2 にて，$V_{CC(N)}$ 端子 - $GND_{(N)}$ 端子間には制御電源電圧源 B_3 にて指定の電圧を印加する。

2.4) $IN_{(N)}$ 端子 - $GND_{(N)}$ 端子間に入力信号用電圧源 B_4 にて指定の電圧を印加する。

2.5) 可変定電圧電源 B_1 の電圧を徐々に上げて，コレクタ電流 i_C が指定の値になったときのコレクタ・エミッタ間飽和電圧 V_{CEsat} を測定する。

3) 試験条件

3.1) コレクタ電流　　指定値

3.2) 制御電源電圧（B_2，B_3 の電圧）　　指定値

3.3) $IN_{(N)}$ 端子 - $GND_{(N)}$ 端子間電圧（B_4 の電圧）　　指定値

3.4) 試験設定温度　　指定値

c) パルス法

1) 試験回路

基本回路を**図 19** に示す。

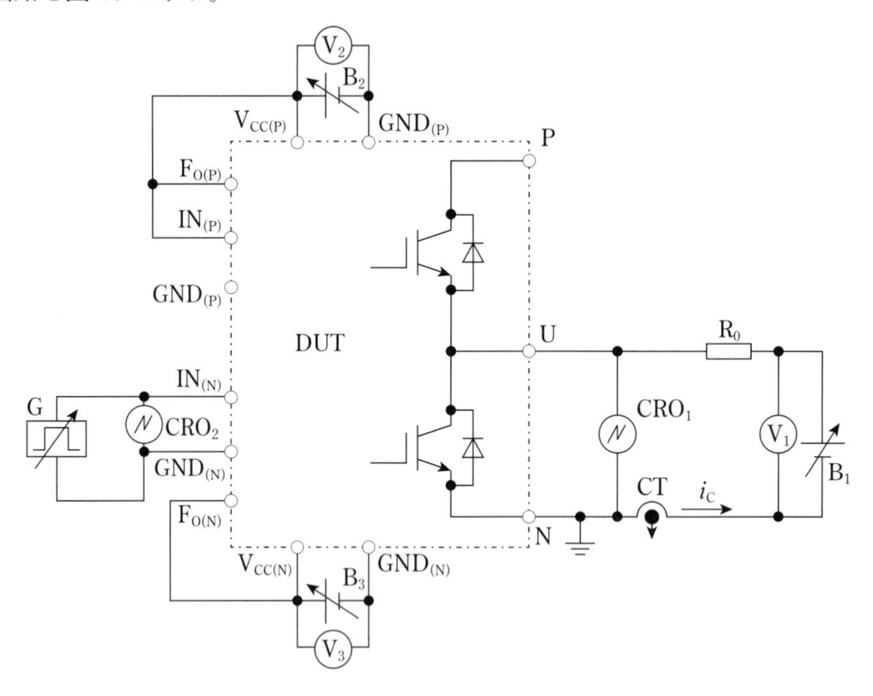

DUT：供試 IPM

B_1	：コレクタ電流供給用可変定電圧電源	R_0	：電流制限抵抗
B_2	：上アーム側制御電源電圧源	V_1	：コレクタ・エミッタ間電圧観測用電圧計
B_3	：下アーム側制御電源電圧源	V_2	：上アーム側制御電源観測用直流電圧計
G	：可変パルス電源	V_3	：下アーム側制御電源観測用直流電圧計

CRO_1：コレクタ・エミッタ間電圧測定用オシロスコープ
CRO_2：IN(N) 端子 - GND(N) 端子間電圧観測用オシロスコープ
CT　：電流検出器

図 19 — コレクタ・エミッタ間飽和電圧試験回路（パルス法）

2) 試験手順

2.1) DUT に**図 19** に示す試験回路を接続する。

2.2) DUT を熱板や恒温槽などで指定の温度にする。

2.3) $V_{CC(P)}$ 端子 - $GND_{(P)}$ 端子間には制御電源電圧源 B_2 にて，$V_{CC(N)}$ 端子 - $GND_{(N)}$ 端子間には制御電源電圧源 B_3 にて指定の電圧を印加する。

2.4) $IN_{(N)}$ 端子 - $GND_{(N)}$ 端子間に電圧印加用可変パルス電源G にて，指定の電圧・周波数・デューティのパルス電圧を印加する。

2.5) 可変定電圧電源 B_1 の電圧を徐々に上げて，コレクタ電流ピーク値が指定の値になったときのコレクタ・エミッタ間飽和電圧 V_{CEsat} を測定する。

3) 試験条件

3.1) コレクタ電流　　指定値

3.2) 制御電源電圧（B_2，B_3 の電圧）　　指定値

3.3) $IN_{(N)}$ 端子 - $GND_{(N)}$ 端子間入力信号（可変パルス電源 G の電圧）　　指定条件

3.4) 試験設定温度　　指定値

6.4.3　環流ダイオード順電圧試験

a)　目的

指定の条件でDUTの環流ダイオードの順電圧を測定する。

b)　試験回路

基本回路を**図20**に示す。

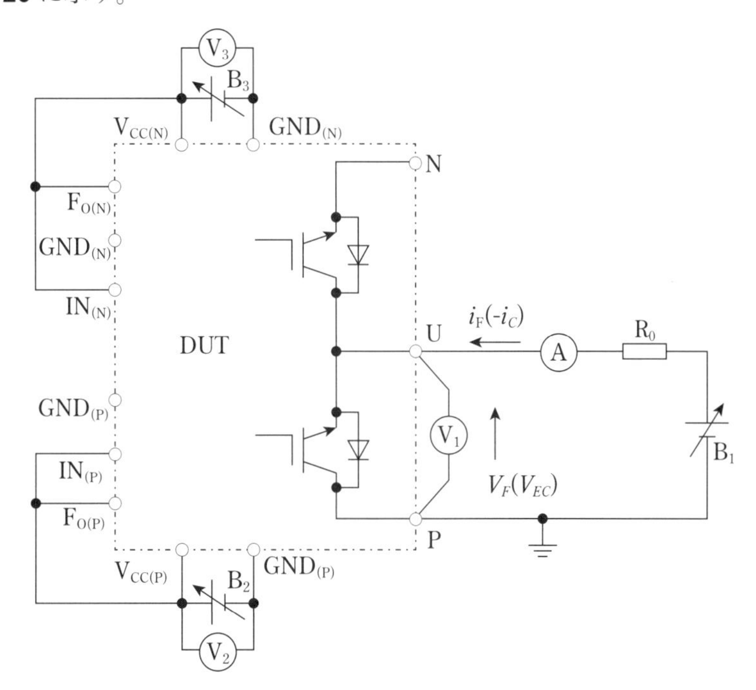

DUT：供試IPM

B_1	：環流ダイオード順電流供給用可変定電圧電源	V_1	：環流ダイオード順電圧測定用電圧計
B_2	：上アーム側制御電源電圧源	V_2	：上アーム側制御電源電圧観測用直流電圧計
B_3	：下アーム側制御電源電圧源	V_3	：下アーム側制御電源電圧観測用直流電圧計
R_0	：電流制限抵抗	A	：環流ダイオード順電流測定用電流計

図20 — 環流ダイオード順電圧試験回路

c)　試験手順

1)　DUTに**図20**に示す試験回路を接続する。

2)　DUTを熱板や恒温槽などで指定の温度にする。

3)　$V_{CC(P)}$端子 - $GND_{(P)}$端子間には制御電源電圧源B_2にて，$V_{CC(N)}$端子 - $GND_{(N)}$端子間には制御電源電圧源B_3にて指定の電圧を印加する。

4)　可変定電圧電源B_1にて電圧を調整して，指定の環流ダイオード順電流を通電し，そのときの環流ダイオードの順電圧を電圧計V_1にて測定する。

d)　試験条件

1)　制御電源電圧（B_2，B_3の電圧）　　指定値

2)　環流ダイオード順電流　　指定値

3)　試験設定温度　　指定値

6.4.4　誘導負荷スイッチング試験

誘導負荷スイッチング時間試験及びスイッチング損失エネルギー試験を次に示す。

6.4.4.1 誘導負荷ターンオン時間試験及びターンオン損失エネルギー試験

a）目的

指定の条件で DUT に誘導負荷電流を流したときの，スイッチング時間及びターンオン損失エネルギーを測定する。ここで測定対象になるのは，誘導負荷ターンオン遅延時間 $t_{d(on)}$，誘導負荷ターンオン上昇時間 t_r，誘導負荷ターンオン時間 t_{on} 及び誘導負荷ターンオン損失エネルギー E_{on} である。

b）試験回路

基本回路を**図 21** に，動作波形を**図 22**（右側の波形）に示す。

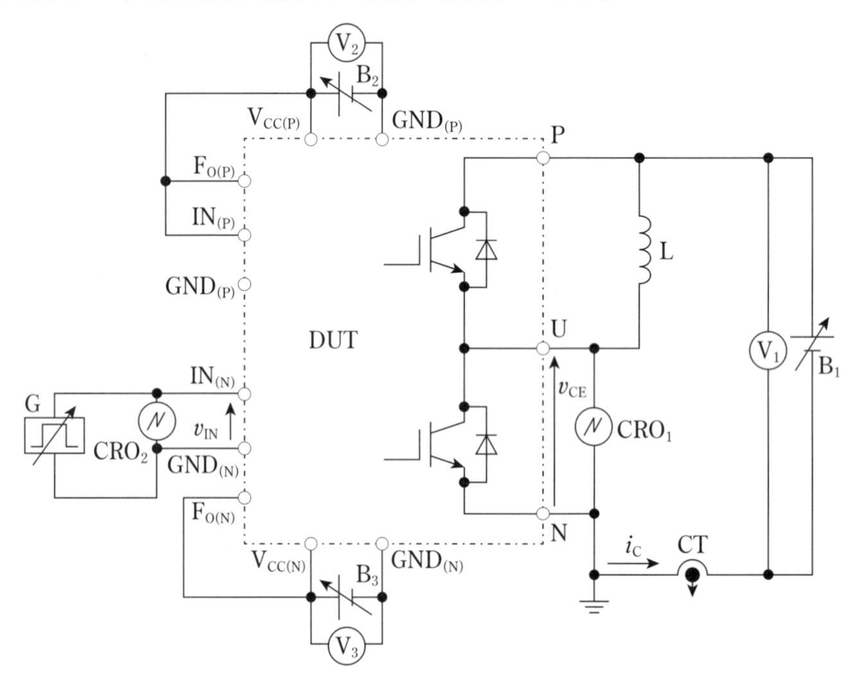

DUT ：供試 IPM
B_1 ：コレクタ電流供給用可変定電圧電源
B_2 ：上アーム側制御電源電圧源
B_3 ：下アーム側制御電源電圧源
L ：負荷リアクトル
G ：可変パルス電源
CRO_1：コレクタ･エミッタ間電圧観測用オシロスコープ
CRO_2：IN 端子 - GND 端子間電圧観測用オシロスコープ
CT ：電流検出器
V_1 ：直流主電圧（P 端子 - N 端子間に印加する電圧）観測用直流電圧計
V_2 ：上アーム側制御電源観測用直流電圧計
V_3 ：下アーム側制御電源観測用直流電圧計

図 21 — 誘導負荷ターンオン時間及びターンオン損失エネルギー試験回路（下アーム素子測定）

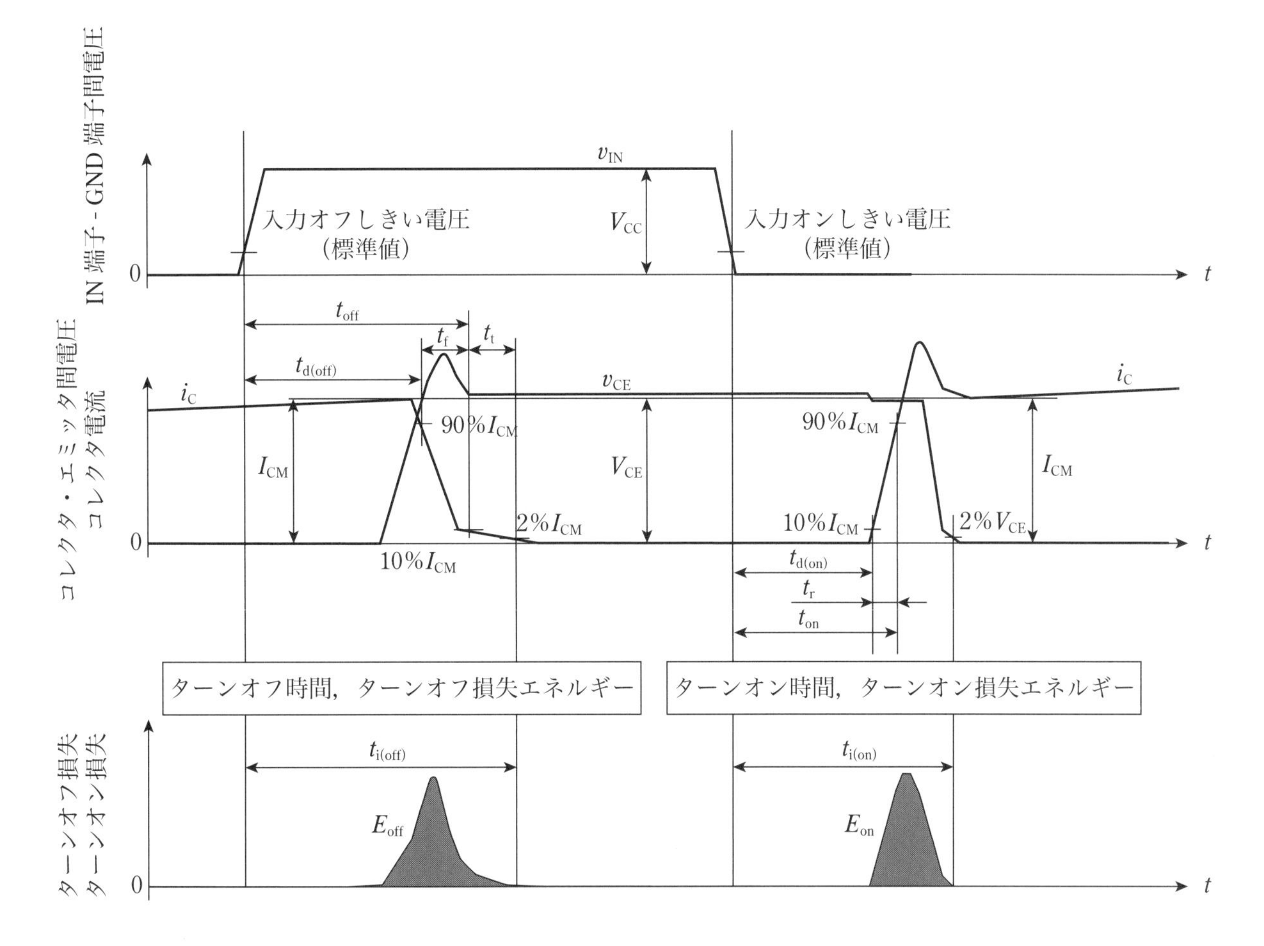

$t_{d(off)}$ ：誘導負荷ターンオフ遅延時間　　$t_{d(on)}$ ：誘導負荷ターンオン遅延時間
t_f ：誘導負荷ターンオフ下降時間　　t_r ：誘導負荷ターンオン上昇時間
t_t ：誘導負荷ターンオフテイル時間
t_{off} ：誘導負荷ターンオフ時間　　t_{on} ：誘導負荷ターンオン時間
E_{off} ：誘導負荷ターンオフ損失エネルギー　　E_{on} ：誘導負荷ターンオン損失エネルギー
$t_{i(off)}$ ：誘導負荷ターンオフ積分時間　　$t_{i(on)}$ ：誘導負荷ターンオン積分時間

図 22 — 誘導負荷スイッチング時間及びスイッチング損失エネルギー試験時の動作波形

注記　誘導負荷ターンオン時のコレクタ電流 I_C はターンオフ時のコレクタ電流 I_{CM} を基準とし（同等とみなし），負荷リアクトルを十分大きな値とする又はターンオフ後の環流期間をなるべく短くするのが望ましい。ただし，環流期間を短くし過ぎると環流ダイオードの過渡特性が現れるので，短くし過ぎないよう注意が必要である。

c） 試験手順

1） DUT に**図 21** に示す試験回路を接続する。

2） DUT を熱板や恒温槽などで指定の温度にする。

3） $V_{CC(P)}$ 端子 - $GND_{(P)}$ 端子間には制御電源電圧源 B_2 にて，$V_{CC(N)}$ 端子 - $GND_{(N)}$ 端子間には制御電源電圧源 B_3 にて指定の電圧を印加する。

4） $IN_{(N)}$ 端子 - $GND_{(N)}$ 端子間に電圧印加用可変パルス電源 G にてパルス電圧を印加し，指定の期間 DUT の IGBT をオンさせ，可変定電圧電源 B_1 の電圧を調整して，負荷リアクトル L に流れるコレクタ電流を指定の電流まで立ち上げた後，一旦ターンオフさせ，電流を負荷リアクトル L と供試対象アームの反対アーム側環流ダイオード間に環流させ，再度ターンオンさせたときの $IN_{(N)}$ 端

子 - $GND_{(N)}$ 端子間電圧 v_{IN}，コレクタ・エミッタ間電圧 v_{CE}，及びコレクタ電流 i_C の各波形をオシロスコープ CRO_1，電流検出器 CT にて観測する。

5） 観測した波形から**図 22** に示すターンオン時のスイッチング時間（$t_{d(on)}$，t_r，t_{on}，$t_{i(on)}$），及びコレクタ・エミッタ間電圧 v_{CE} とコレクタ電流 i_C との積を $t_{i(on)}$ 区間積分したターンオン損失エネルギー E_{on} を求める。

d） 試験条件

1） コレクタ電流（ターンオン直前のターンオフ電流）　指定値

2） 制御電源電圧（B_2，B_3 の電圧）　指定値

3） $IN_{(N)}$ 端子 - $GND_{(N)}$ 端子間入力信号　指定条件

4） 直流主電圧（IPMのP 端子 - N 端子間に印加する B_1 端子の電圧）　指定値

5） 負荷リアクトル L のインダクタンス　指定値

6） 試験設定温度　指定値

6.4.4.2　誘導負荷ターンオフ時間試験及びターンオフ損失エネルギー試験

a） 目的

指定の条件で DUT に誘導負荷電流を流したときの，スイッチング時間及びターンオフ損失エネルギーを測定する。ここで測定対象になるのは，誘導負荷ターンオフ遅延時間 $t_{d(off)}$，誘導負荷ターンオフ下降時間 t_f，誘導負荷ターンオフテイル時間 t_t，誘導負荷ターンオフ時間 t_{off}，及び誘導負荷ターンオフ損失エネルギー E_{off} である。

b） 試験回路

基本回路を**図 23** に，動作波形を**図 22**（左側の波形）に示す。

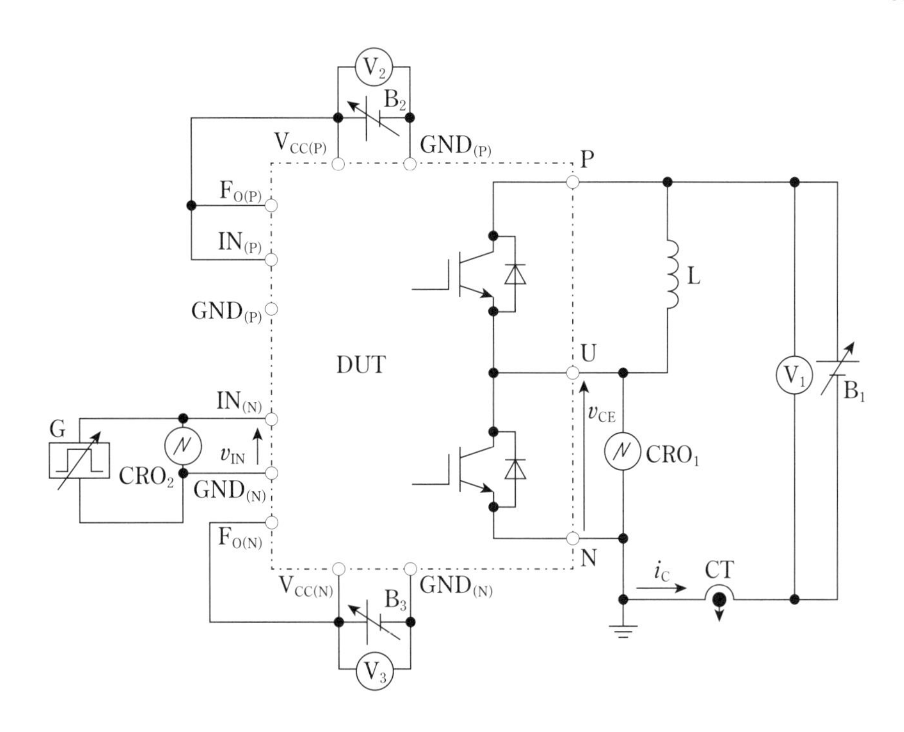

DUT：供試 IPM
B_1　：コレクタ電流供給用可変定電圧電源
B_2　：上アーム側制御電源電圧源
B_3　：下アーム側制御電源電圧源
L　：負荷リアクトル
G　：可変パルス電源
CRO_1：コレクタ・エミッタ間電圧観測用オシロスコープ
CRO_2：$IN_{(N)}$ 端子 - $GND_{(N)}$ 端子間電圧観測用オシロスコープ
CT　：電流検出器
V_1　：直流主電圧（P 端子 - N 端子間に印加する電圧）観測用直流電圧計
V_2　：上アーム側制御電源観測用直流電圧計
V_3　：下アーム側制御電源観測用直流電圧計

図 23 ― 誘導負荷ターンオフ時間及びターンオフ損失エネルギー試験回路（下アーム素子測定）

c） 試験手順

1） DUT に**図 23** に示す試験回路を接続する。

2） DUT を熱板や恒温槽などで指定の温度にする。

3） $V_{CC(P)}$ 端子 - $GND_{(P)}$ 端子間には制御電源電圧源 B_2 にて，$V_{CC(N)}$ 端子 - $GND_{(N)}$ 端子間には制御電源電圧源 B_3 にて指定の電圧を印加する。

4） $IN_{(N)}$ 端子 - $GND_{(N)}$ 端子間に電圧印加用可変パルス電源 G にて，指定の期間オンさせ，可変定電圧電源 B_1 の電圧を調整して，負荷リアクトル L に流れるコレクタ電流を指定の電流まで立ち上げ，ターンオフさせたときの $IN_{(N)}$ 端子 - $GND_{(N)}$ 端子間電圧 v_{IN}，コレクタ・エミッタ間電圧 v_{CE}，及びコレクタ電流 i_C の各波形をオシロスコープ CRO_1，電流検出器 CT にて観測する。

5） 観測した波形から**図 22** に示すターンオフ時のスイッチング時間（$t_{d(off)}$，t_f，t_t，t_{off}，$t_{i(off)}$），及びコレクタ・エミッタ間電圧 v_{CE} とコレクタ電流 i_C との積を $t_{i(off)}$ 区間積分して，ターンオフ損失エネルギー E_{off} を求める。

d） 試験条件

1） コレクタ電流（ターンオフ電流）　　指定値

2) 制御電源電圧（B_2，B_3 の電圧）　指定値

3) $IN_{(N)}$ 端子 - $GND_{(N)}$ 端子間入力信号　指定条件

4) 直流主電圧（IPM の P 端子 - N 端子間に印加する電圧）　指定値

5) 負荷リアクトルのインダクタンス　指定値

6) 試験設定温度　指定値

6.4.5 環流ダイオードの逆回復時間，逆回復電荷，逆回復損失エネルギー試験

（**JEC-2407**：2017，**6.4.7** を参照）

a) 目的

指定の条件で DUT の環流ダイオードの逆回復時間 t_{rr}，逆回復電荷 Q_{rr} 及び逆回復損失エネルギー E_{rr} ／ E_{dsw} を測定する。

b) 試験回路

基本回路を**図 24** に，動作波形を**図 25** に示す。

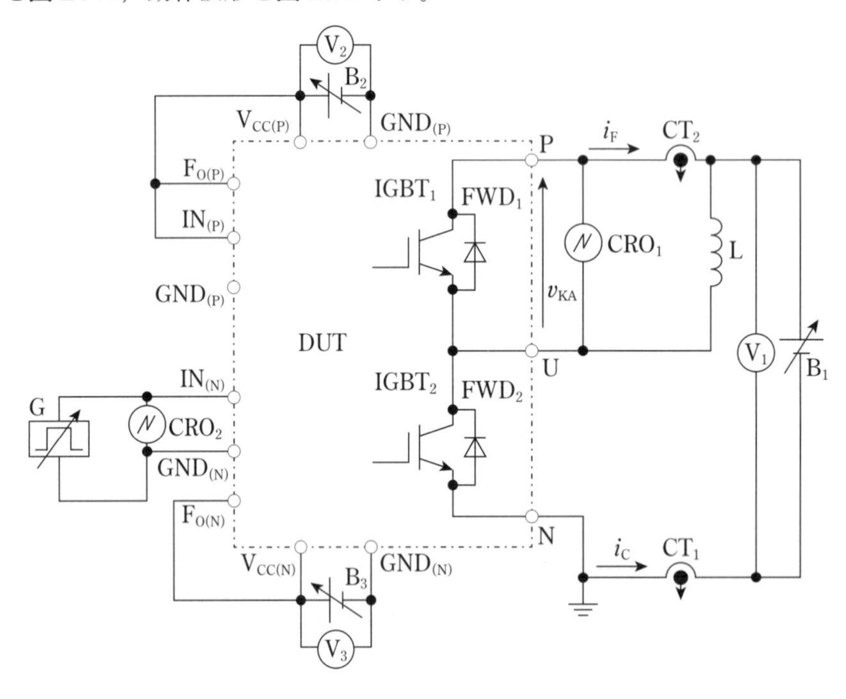

DUT：供試 IPM
B_1　：P 端子 - N 端子間電圧印加用（コレクタ電流供給用）可変定電圧電源
B_2　：上アーム側制御電源電圧源
B_3　：下アーム側制御電源電圧源
L　：負荷リアクトル
G　：可変パルス電源
CRO_1：環流ダイオード逆電圧測定用オシロスコープ
CRO_2：$IN_{(N)}$ 端子 - $GND_{(N)}$ 端子間電圧観測用オシロスコープ
CT_1　：$IGBT_2$コレクタ電流検出器
CT_2　：FWD_1電流検出器
V_1　：直流主電圧（P 端子 - N 端子間に印加する電圧）観測用直流電圧計
V_2　：上アーム側制御電源観測用直流電圧計
V_3　：下アーム側制御電源観測用直流電圧計

図 24 — 環流ダイオード逆回復時間，逆回復電荷，逆回復損失エネルギー試験回路（上アーム素子測定）

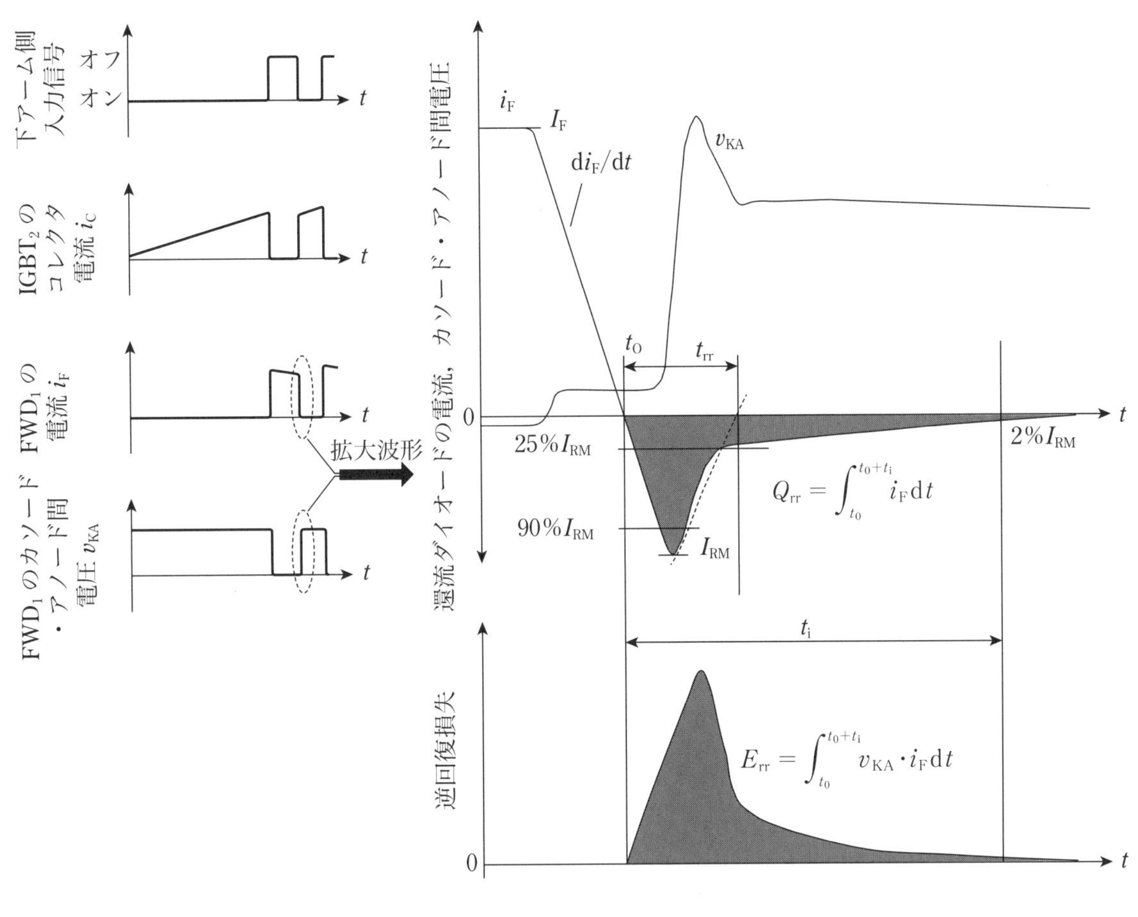

(a) 試験波形　　**(b) 環流ダイオードの逆回復時の動作波形**

I_{RM}	：逆電流最大値	Q_{rr}	：逆回復電荷
t_{rr}	：逆回復時間	E_{rr} ／ E_{dsw}	：逆回復損失エネルギー
t_i	：逆回復積分時間		

図 25 — 試験波形と環流ダイオードの逆回復時の動作波形

c) 試験手順

1) DUT に**図 24** に示す試験回路を接続する。

2) DUT を熱板や恒温槽などで指定の温度にする。

3) $V_{CC(P)}$ 端子 - $GND_{(P)}$ 端子間には制御電源電圧源 B_2 にて，$V_{CC(N)}$ 端子 - $GND_{(N)}$ 端子間には制御電源電圧源 B_3 にて指定の電圧を印加する。

4) $IN_{(N)}$ 端子 - $GND_{(N)}$ 端子間に電圧印加用可変パルス電源 G にて，下アーム側の IGBT を 2 回ターンオンとターンオフさせる。

5) 可変定電圧電源 B_1 の電圧を調整して，1 回目のターンオンで負荷リアクトル L に指定の電流 I_F を通電する。1 回目のターンオフによって負荷リアクトル L の電流は DUT の環流ダイオード FWD_1 に転流し，ほぼ一定の順電流 I_F を流す。

6) 2 回目のターンオンによって，環流ダイオードの蓄積電荷のため逆回復電流が環流ダイオード FWD_1 に流れ，環流ダイオード FWD_1 の蓄積電荷が消滅する過程でカソード・アノード間に急しゅんな逆回復電圧 v_{KA} が発生する。この間の環流ダイオード FWD_1 の電流 i_F 及び逆回復電圧 v_{KA} の波形をオシロスコープ CRO_1 で観測する。

7）下アームをターンオフ（2 回目）させて試験を終了する。

8）観測した波形から逆回復時間 t_{rr} を求める。環流ダイオード電流がゼロを通過する時刻 t_0 から，逆電流最大値 I_{RM} を過ぎた後の I_{RM} の 90 % と，I_{RM} の 25 % 又は 50 % との 2 点を結ぶ直線が電流ゼロ軸と交わる時刻までの時間を逆回復時間 t_{rr} とする。

9）観測した波形から逆回復電荷を次の式で算出する。

$$Q_{rr} = \int_{t_0}^{t_0+t_i} i_F \mathrm{d}t$$

この式で t_i は t_0 から逆回復電流が逆電流最大値を過ぎた後の逆電流最大値の 2 % に減少するまでの時間とする。

10）観測した波形から逆回復損失エネルギー E_{rr} ／ E_{dsw} を $v_{KA} \times i_F$ の時間積分として求める。ここで，積分期間は t_i とする。

d）試験条件

1）環流ダイオード順電流　　指定値

2）制御電源電圧（B_2，B_3 の電圧）　　指定値

3）$IN_{(N)}$ 端子 - $GND_{(N)}$ 端子間入力信号　　指定条件

4）直流主電圧（IPM の P 端子 - N 端子間に印加する B_1 の電圧）　　指定値

5）試験設定温度　　指定値

6.4.6　制御回路電流試験

a）目的

指定の条件で DUT の制御回路電流を測定する。

b）試験回路

基本回路を**図 26** に示す。

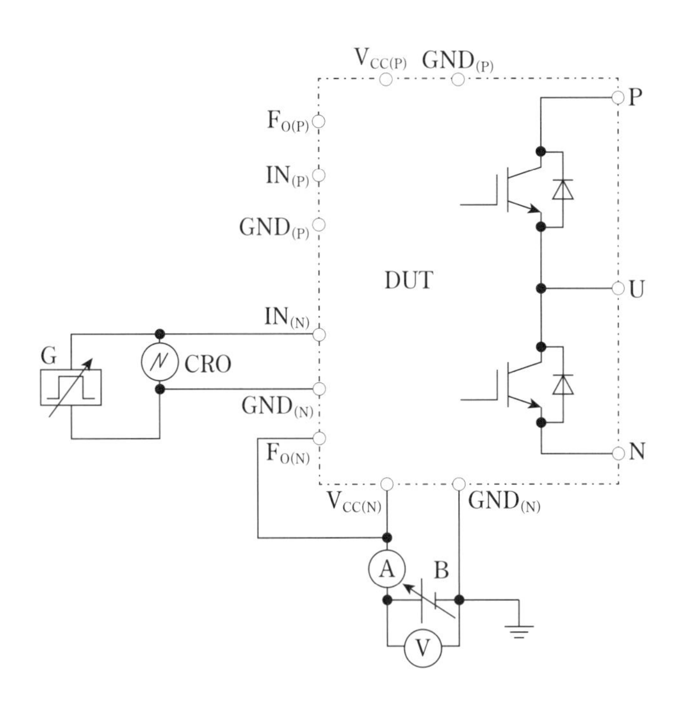

DUT：供試 IPM
G　：可変パルス電源
B　：下アーム側制御電源電圧源
CRO：$IN_{(N)}$ 端子 - $GND_{(N)}$ 端子間電圧観測用オシロスコープ
V　：下アーム側制御電源観測用直流電圧計
A　：制御電源回路電流測定用電流計

図 26 — 制御回路電流試験回路

c） 試験手順

1） DUT に**図 26** に示す試験回路を接続する。

2） DUT を熱板，恒温槽などで指定の温度にする。

3） $V_{CC(N)}$ 端子 - $GND_{(N)}$ 端子間に制御電源電圧源 B にて指定の電圧を印加する。$IN_{(N)}$ 端子 - $GND_{(N)}$ 端子間に電圧印加用可変パルス電源 G にて入力信号を印加する。そのときの制御電源回路電流を電流計 A にて測定する。

d） 試験条件

1） 制御電源電圧（B の電圧）　　指定値

2） $IN_{(N)}$ 端子 - $GND_{(N)}$ 端子間の入力信号（可変パルス電源 G の電圧）　　指定条件

3） 試験設定温度　　指定値

6.4.7　入力オンしきい電圧，入力オフしきい電圧試験

a） 目的

指定の条件で DUT の入力オンしきい電圧及び入力オフしきい電圧を測定する。

b） 試験回路

基本回路を**図 27** に示す。

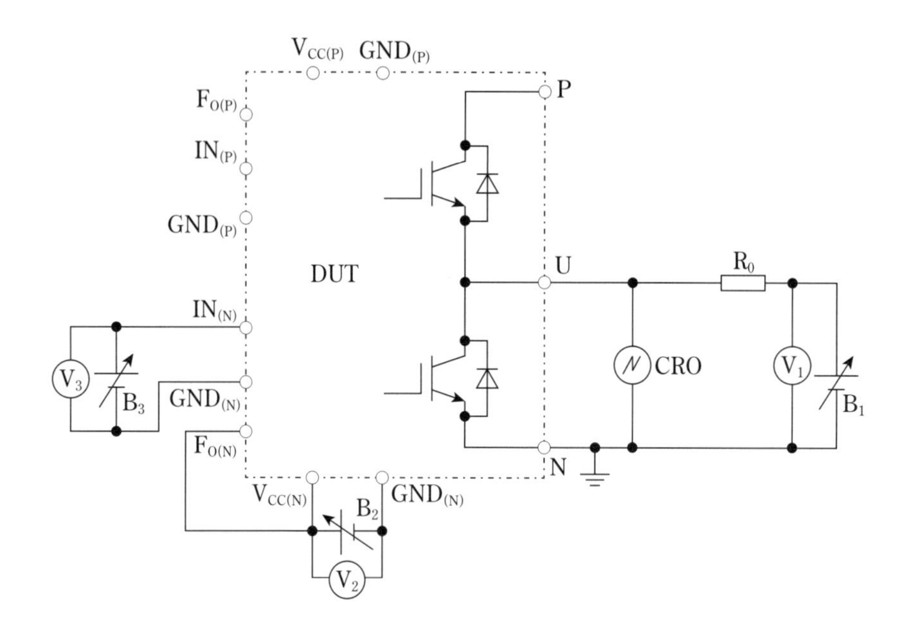

DUT：供試 IPM

B_1　：コレクタ電流供給用可変定電圧電源
B_2　：下アーム側制御電源電圧源
B_3　：IN 端子 - GND 端子間印加用電圧源
R_0　：電流制限抵抗

CRO：コレクタ・エミッタ間電圧観測用オシロスコープ
V_1　：可変定電圧電源観測用電圧計
V_2　：下アーム側制御電源電圧観測用直流電圧計
V_3　：下アーム側入力信号測定用直流電圧計

図 27 — 入力オンしきい電圧，入力オフしきい電圧試験

c) 入力オンしきい電圧試験手順

1) DUT に**図 27** に示す試験回路を接続する。

2) DUT を熱板や恒温槽などで指定の温度にする。

3) $V_{CC(N)}$ 端子 - $GND_{(N)}$ 端子間に制御電源電圧源 B_2 にて指定の電圧を印加する。

4) $IN_{(N)}$ 端子 - $GND_{(N)}$ 端子間の電圧 B_3 を徐々に低下させ，コレクタ・エミッタ間の電圧が指定の値に低下したときの $IN_{(N)}$ 端子 - $GND_{(N)}$ 端子間電圧を測定する。

d) 入力オフしきい電圧試験手順

入力オンしきい電圧試験後，$IN_{(N)}$ 端子 - $GND_{(N)}$ 端子間の電圧 B_3 を徐々に高くし，コレクタ・エミッタ間電圧が B_1 の電圧になるときの $IN_{(N)}$ 端子 - $GND_{(N)}$ 端子間電圧を測定する。

e) 試験条件

1) コレクタ電流供給用電圧（B_1 の電圧）　指定値

2) 制御電源電圧（B_2 の電圧）　指定値

3) $IN_{(N)}$ 端子 - $GND_{(N)}$ 端子間入力信号　指定条件

4) 試験設定温度　指定値

6.4.8 過電流保護レベル試験／短絡保護トリップレベル試験

a) 目的

指定の条件で DUT の過電流保護レベル，短絡保護トリップレベルを測定する。

b) 試験回路

基本回路を**図 28** に，過電流保護／短絡保護動作時の波形を**図 29** に示す。

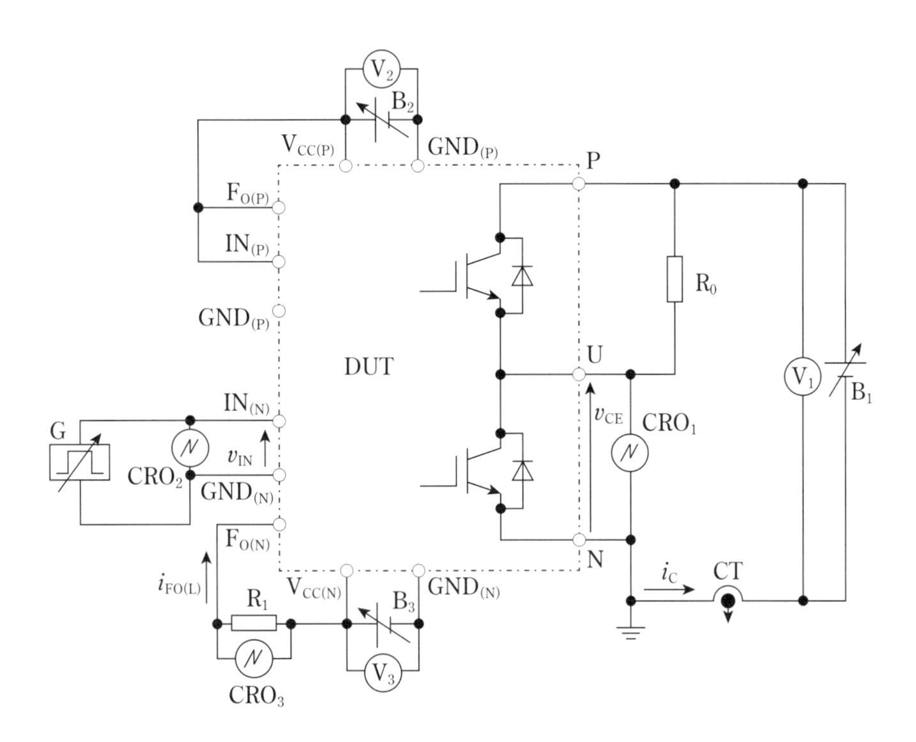

DUT：供試 IPM
B_1　：コレクタ電流供給用可変定電圧電源
B_2　：上アーム側制御電源電圧源
B_3　：下アーム側制御電源電圧源
R_0　：負荷抵抗
R_1　：エラー／アラーム出力信号回路電流測定用抵抗
G　：可変パルス電源
CRO_1：コレクタ･エミッタ間電圧観測用オシロスコープ
CRO_2：$IN_{(N)}$ 端子 - $GND_{(N)}$ 端子間電圧観測用オシロスコープ
CRO_3：エラー／アラーム出力信号回路電流測定用オシロスコープ
CT　：電流検出器
V_1　：直流主電圧（P 端子 - N 端子間に印加する電圧）観測用直流電圧計
V_2　：上アーム側制御電源観測用直流電圧計
V_3　：下アーム側制御電源観測用直流電圧計

図 28 ― 過電流保護レベル試験回路／短絡保護トリップレベル試験回路

c) 試験手順

1) DUT に**図 28** に示す試験回路を接続する。

2) DUT を熱板や恒温槽などで指定の温度にする。

3) $V_{CC(P)}$ 端子 - $GND_{(P)}$ 端子間には制御電源電圧源 B_2 にて，$V_{CC(N)}$ 端子 - $GND_{(N)}$ 端子間には制御電源電圧源 B_3 にて指定の電圧を印加する。

4) DUTのP 端子 - N 端子間に，コレクタ電流供給用可変定電圧電源 B_1 にて，指定の電圧を印加する。

5) $IN_{(N)}$ 端子 - $GND_{(N)}$ 端子間に，可変パルス電源 G にてオン信号を入力し，コレクタ電流供給用可変定電圧電源 B_1 にてコレクタ電流を徐々に増加させ，コレクタ電流が遮断する直前のコレクタ電流値，並びにこのときのエラー出力パルス幅／アラーム時間，及び出力電流 $i_{FO(L)}$ を同時に測定する。

d) 試験条件

1） 制御電源電圧（B_2，B_3 の電圧）　　指定値

2） 直流主電圧（IPMのP 端子 - N 端子間に印加する B_1 の電圧）　　指定値

3） 試験設定温度　　指定値

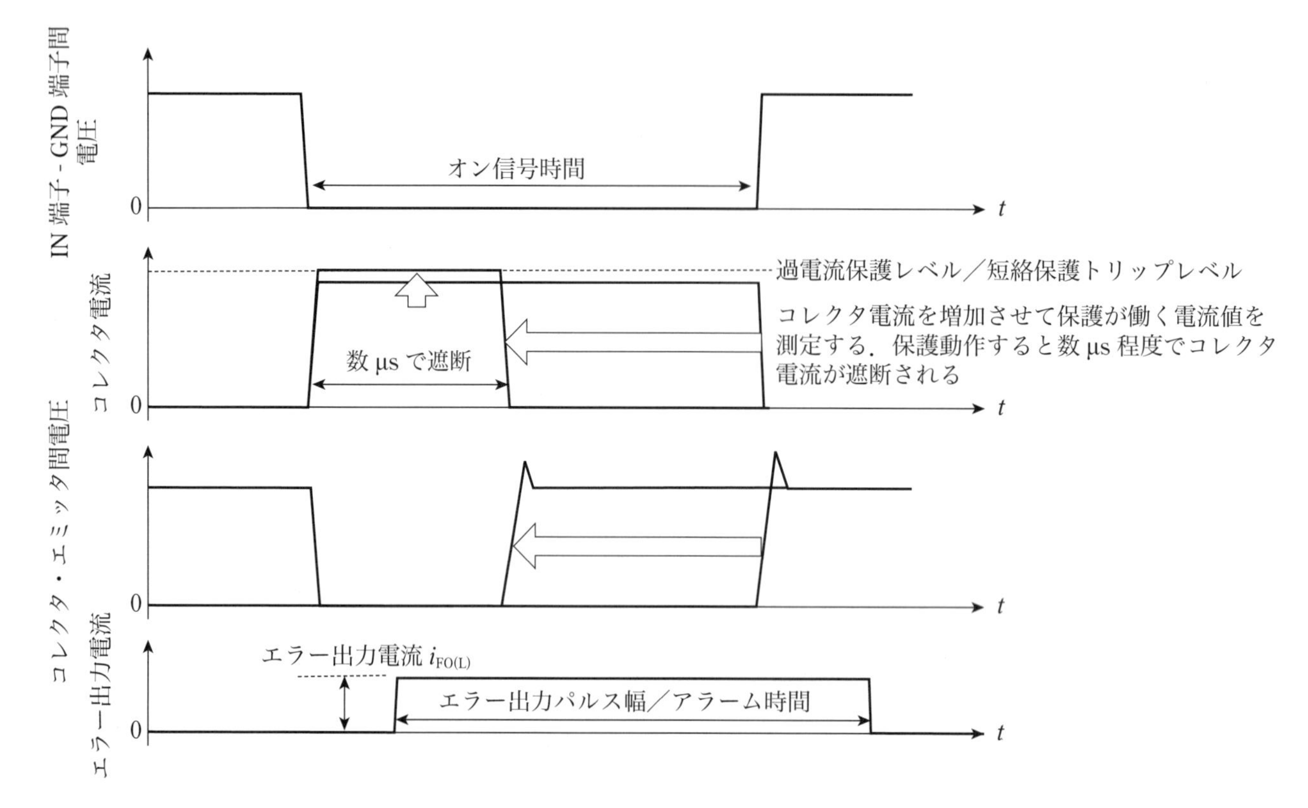

図 29 ― 過電流保護レベル／短絡保護トリップレベルと過電流保護／短絡保護動作時の波形

6.4.9　過電流保護遅れ時間試験／短絡電流遮断遅れ時間試験

a） 目的

指定の条件で DUT の過電流保護遅れ時間／短絡電流遮断遅れ時間 t_{dOC} ／ $t_{off(SC)}$ を測定する。

b） 試験回路

基本回路を**図 30** に，過電流保護／短絡保護動作時における遅れ時間に着目した波形を**図 31** に示す。

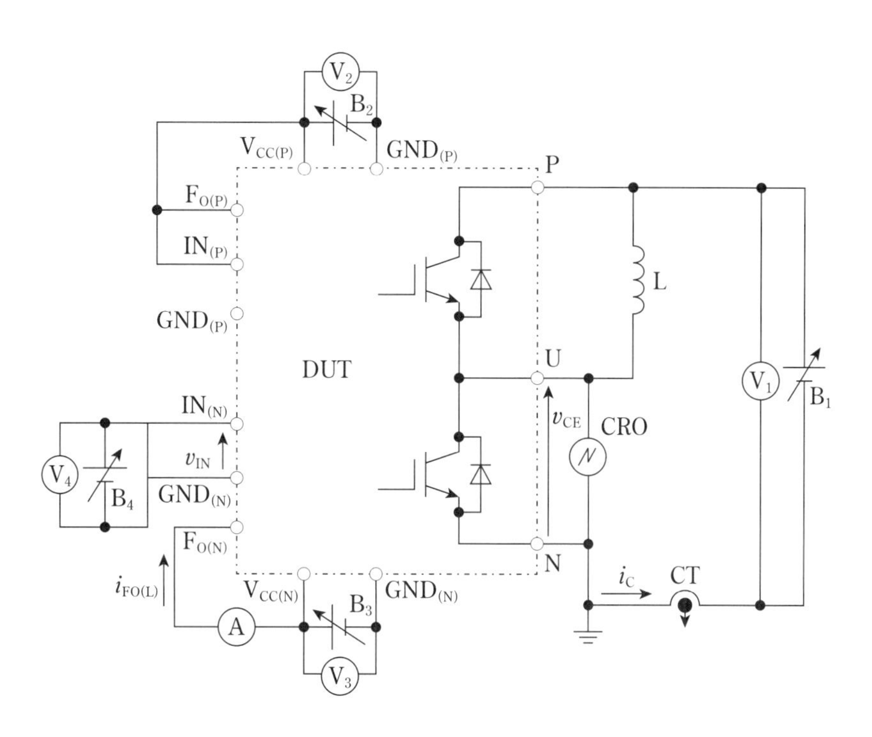

DUT：供試 IPM
B_1　：コレクタ電流供給用可変定電圧電源
B_2　：上アーム側制御電源電圧源
B_3　：下アーム側制御電源電圧源
B_4　：可変定電圧電源
L　：負荷リアクトル
CRO：コレクタ･エミッタ間電圧観測用オシロスコープ
A　：エラー出力／アラーム出力信号　回路電流測定用電流計
CT　：電流検出器
V_1　：直流主電圧（P 端子 - N 端子間に印加する電圧）観測用直流電圧計
V_2　：上アーム側制御電源観測用直流電圧計
V_3　：下アーム側制御電源観測用直流電圧計
V_4　：$IN_{(N)}$ 端子 - $GND_{(N)}$ 端子間電圧観測用直流電圧計

図 30 ― 過電流保護遅れ時間／短絡電流遮断遅れ時間試験回路

c） 試験の手順

1） DUT に**図 30** に示す試験回路を接続する。

2） DUT を熱板や恒温槽などで指定の温度にする。

3） $V_{CC(P)}$ 端子 - $GND_{(P)}$ 端子間には制御電源電圧源 B_2 にて，$V_{CC(N)}$ 端子 - $GND_{(N)}$ 端子間には制御電源電圧源 B_3 にて指定の電圧を印加する。

4） DUTのP 端子 - N 端子間に，コレクタ電流供給用可変定電圧電源 B_1 にて，指定の電圧を印加する。

5） $IN_{(N)}$ 端子 - $GND_{(N)}$ 端子間に可変定電圧電源 B_4 にてオン信号を入力し，コレクタ電流を徐々に増加させ，過電流保護レベル／短絡保護トリップレベルを超えてエラー出力電流 $i_{FO(L)}$ が流れ始めるまでの時間を測定する。

d） 試験条件

1） 制御電源電圧（B_2，B_3 の電圧）　　指定値

2） 直流主電圧（IPM のP 端子 - N 端子間に印加する B_1 の電圧）　　指定値

3） 試験設定温度　　指定値

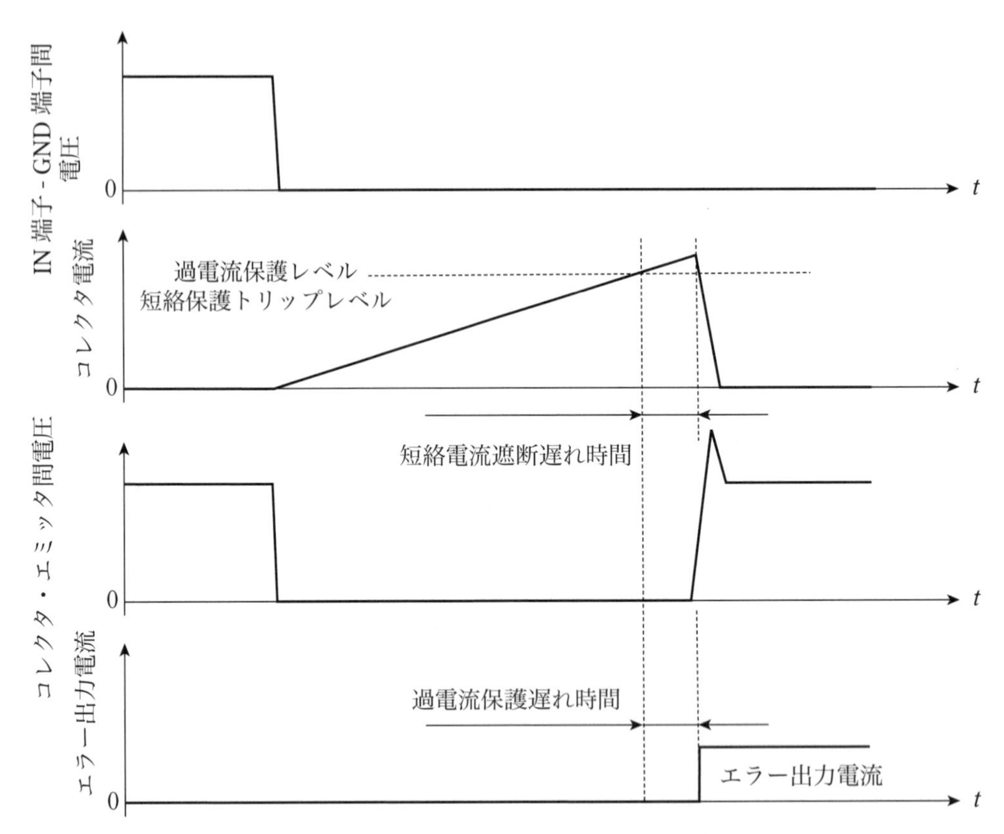

図 31 ― 過電流保護レベル／短絡保護トリップレベルと過電流保護／短絡保護動作時の波形

6.4.10　過熱保護トリップレベル試験／過熱保護温度レベル試験

a）目的

指定の条件で DUT の過熱保護トリップレベル／過熱保護温度レベル OT ／ T_{jOH} を測定する。

注記　過熱保護トリップレベル試験とリセットレベル試験は，接合温度の最大定格値を超える試験となるため製品構造破壊の可能性がある。

b）試験回路

基本回路を**図 32** に，過熱保護動作時の波形を**図 33** に示す。

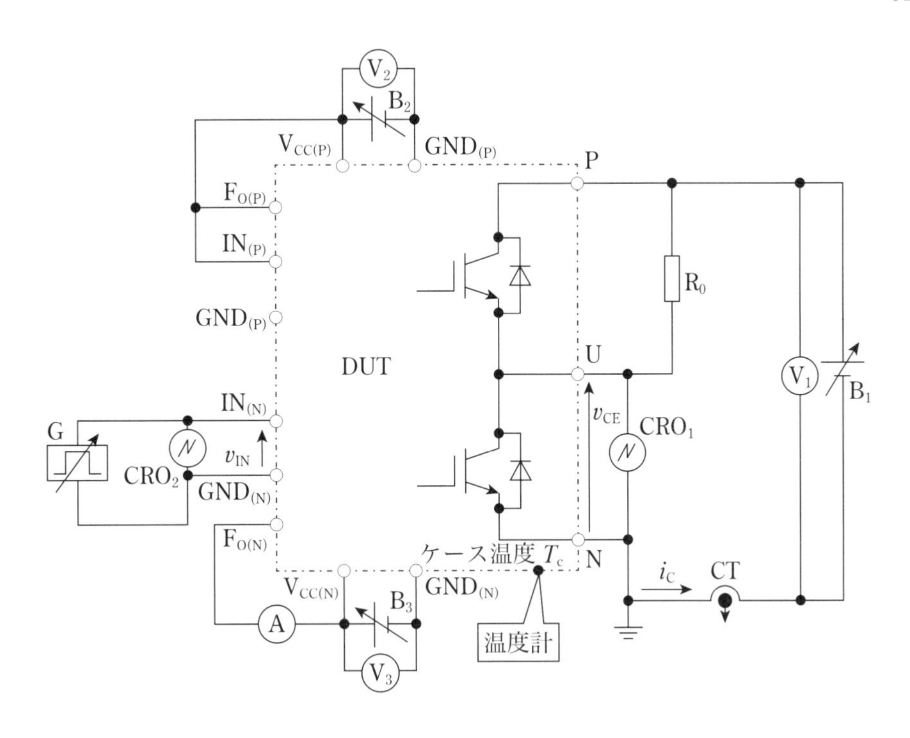

DUT：供試 IPM
B_1　：コレクタ電流供給用可変定電圧電源
B_2　：上アーム側制御電源電圧源
B_3　：下アーム側制御電源電圧源
R_0　：コレクタ電流制限用負荷抵抗
G　：可変パルス電源
CRO_1：コレクタ・エミッタ間電圧観測用オシロスコープ
CRO_2：$IN_{(N)}$ 端子 - $GND_{(N)}$ 端子間電圧観測用オシロスコープ
A　：エラー出力／アラーム出力信号　回路電流測定用電流計
CT　：電流検出器
V_1　：直流主電圧（P 端子 - N 端子間に印加する電圧）観測用直流電圧計
V_2　：上アーム側制御電源観測用直流電圧計
V_3　：下アーム側制御電源観測用直流電圧計

図 32 — 過熱保護トリップレベル試験／過熱保護温度レベル試験回路

c) 試験手順

1) DUT に**図 32** に示す試験回路を接続する。

2) DUT を熱板や恒温槽などで指定の温度にする。

3) $V_{CC(P)}$ 端子 - $GND_{(P)}$ 端子間に制御電源電圧源 B_2 にて，$V_{CC(N)}$ 端子 - $GND_{(N)}$ 端子間に制御電源電圧源 B_3 にて指定の電圧を印加する。

4) DUTのP 端子 - N 端子間に，コレクタ電流供給用可変定電圧電源 B_1 にて，指定の電圧を印加する。

5) $IN_{(N)}$ 端子 - $GND_{(N)}$ 端子間に，可変パルス電源 G にてオン・オフ信号を入力し，コレクタ電流を設定する（見掛けの接合温度が上昇しない十分小さな値）。

6) 熱容量が十分大きい熱板上や恒温槽内に DUT を設置し，ゆっくりケース温度 T_C を上昇させ（$dT/dt \fallingdotseq 1$℃/min 程度），コレクタ電流が遮断又はエラー出力／アラーム信号 V_{FO} ／ V_{ALM} が出力するときのケース温度を測定する。入力信号の周波数は温度変化に対し十分短い時間とする。目安は 1 Hz 程度。
また，このときのエラー出力を同時に確認する。過熱保護トリップレベル／過熱保護温度レベル測定後，ゆっくりケース温度を下降させ（dT/dt ≒ 1℃/min 程度），コレクタ電流が再通電するときの温度を測定する。この温度と前記エラー出力電圧／アラーム信号電圧 V_{FO} ／ V_{ALM} が出力するときの温度（過熱保護トリップレベル／過熱保護温度レベル）差が過熱保護ヒステリシスとなる。

d） 試験条件

1） 制御電源電圧（B_2，B_3 の電圧）　　指定値

2） 直流主電圧（IPM の P 端子 - N 端子間に印加する B_1 の電圧）　　指定値

3） 試験設定温度　　指定値（過熱保護が動作するまで温度を上げる）

4） コレクタ電流　　指定値

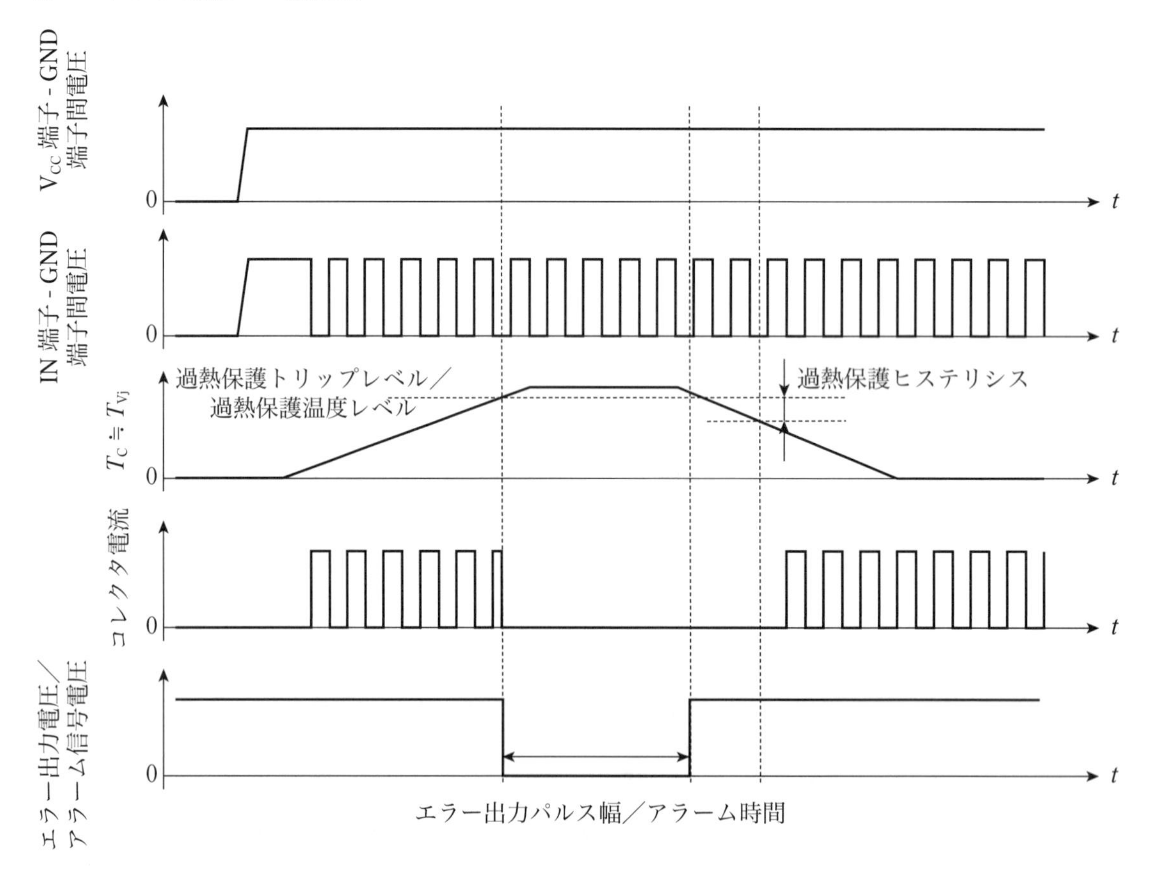

図 33 — 過熱保護トリップレベル／過熱保護温度レベルと過熱保護動作時の波形

6.4.11　制御電源電圧低下保護トリップレベル試験

a） 目的

指定の条件で DUT の制御電源電圧低下保護トリップレベルとリセットレベルを測定する。

b） 試験回路

基本回路を**図 34** に，制御電源電圧低下保護動作時の波形を**図 35** に示す。

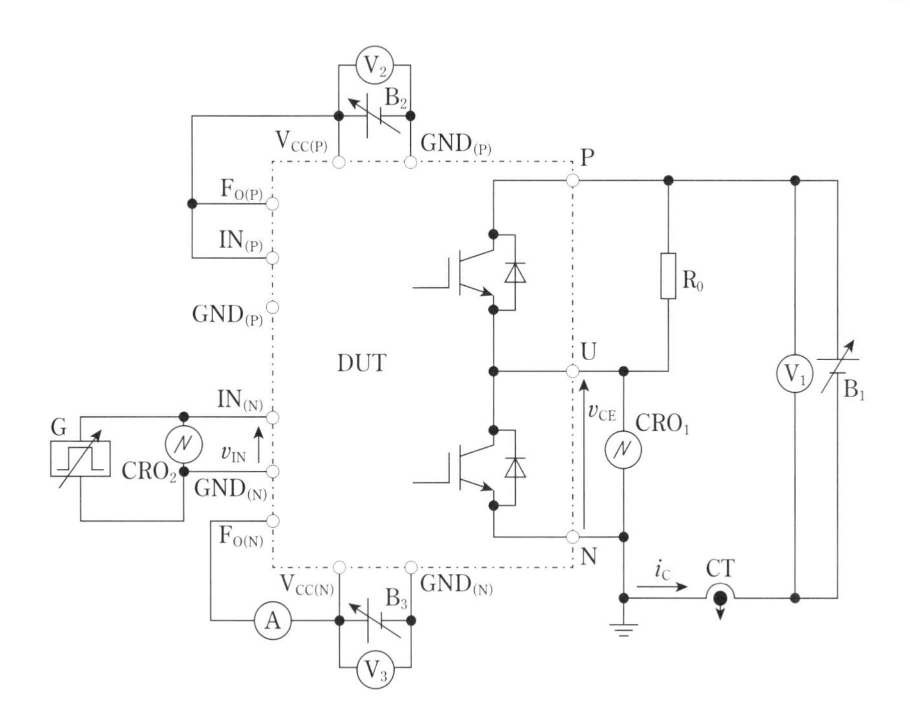

DUT：供試 IPM
B_1　：コレクタ電流供給用可変定電圧電源
B_2　：上アーム側制御電源電圧源
B_3　：下アーム側制御電源電圧源
R_0　：コレクタ電流制限用負荷抵抗
G　：可変パルス電源
CRO_1：コレクタ･エミッタ間電圧観測用オシロスコープ
CRO_2：$IN_{(N)}$ 端子 - $GND_{(N)}$ 端子間電圧観測用オシロスコープ
A　：エラー出力／アラーム出力信号　回路電流測定用電流計
CT　：電流検出器
V_1　：直流主電圧（P 端子 - N 端子間に印加する電圧）観測用直流電圧計
V_2　：上アーム側制御電源観測用直流電圧計
V_3　：下アーム側制御電源観測用直流電圧計

図 34 ― 制御電源電圧低下保護トリップレベル／リセットレベル試験回路

c） 試験手順

1） DUT に**図 34** に示す試験回路を接続する。

2） DUT を熱板や恒温槽などで指定の温度にする。

3） $V_{CC(P)}$ 端子 - $GND_{(P)}$ 端子間に制御電源電圧源 B_2 にて，$V_{CC(N)}$ 端子 - $GND_{(N)}$ 端子間に制御電源電圧源 B_3 にて指定の電圧を印加する。

4） DUT の P 端子 - N 端子間に，コレクタ電流供給用可変定電圧電源 B_1 にて，指定の電圧を印加する。

5） $IN_{(N)}$ 端子 - $GND_{(N)}$ 端子間に可変パルス電源 G にてオン・オフ信号を入力し，コレクタ電流を設定する（見掛けの接合温度が上昇しない十分小さな値）。

6） 指定の制御電源電圧からゆっくり低下させ，コレクタ電流が遮断又はエラー出力電圧／アラーム信号電圧 V_{FO} ／ V_{ALM} が出力するときの制御電源電圧を測定する。また，このときのエラー出力電圧／アラーム信号電圧 V_{FO} ／ V_{ALM} を同時に確認する。入力信号の周波数は制御電源電圧の変化に対し十分短い時間とする。制御電源電圧低下トリップレベル測定後，ゆっくり制御電源電圧を上昇させ，コレクタ電流が再通電するときの制御電源電圧を測定する（リセットレベルの測定）。

d） 試験条件

1） 制御電源電圧（B_2，B_3 の電圧） 指定値（保護動作するまで電圧を下げる）

2） 直流主電圧（IPMのP 端子 - N 端子間に印加する B_1 の電圧） 指定値

3） 試験設定温度 指定値

4） コレクタ電流 指定値

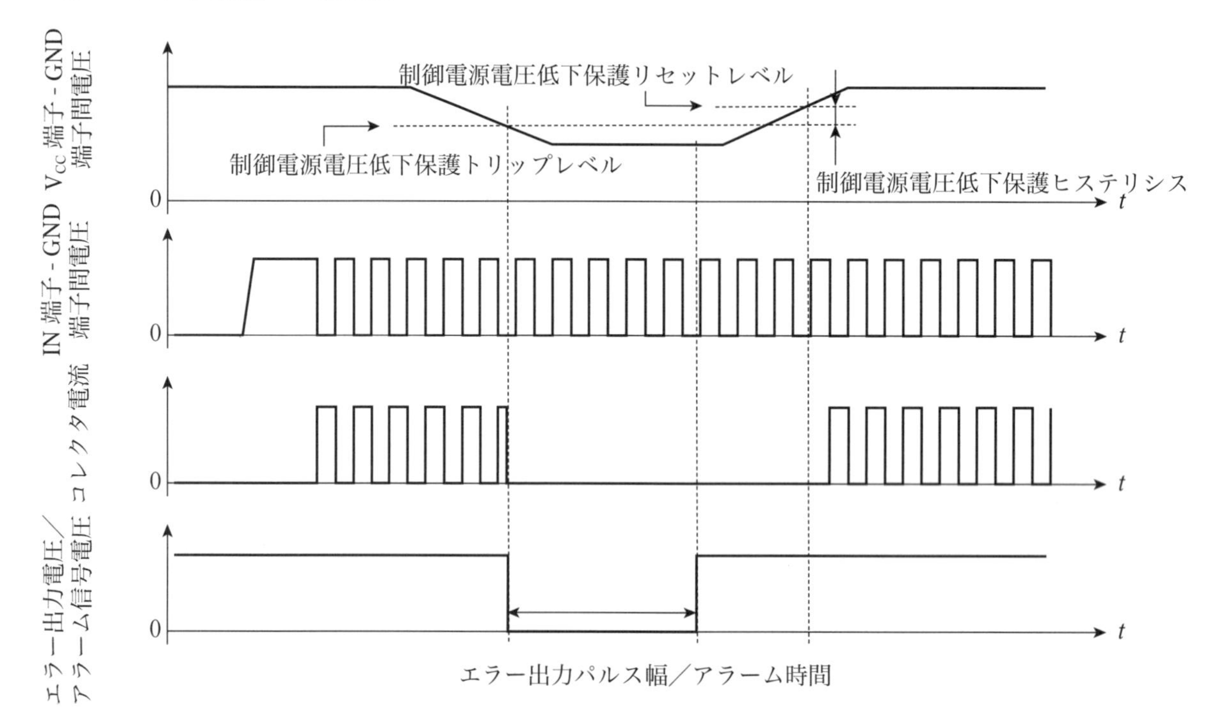

図 35 ― 制御電源電圧低下保護トリップレベル／リセットレベルと制御電源電圧低下保護動作時の波形

6.4.12 エラー出力電流試験，アラーム信号電流制限抵抗値試験

a） 目的

指定の条件で DUT のエラー出力電流 $I_{FO(H)}$，$I_{FO(L)}$，及びアラーム信号電流制限抵抗値 R_{ALM} を測定する。

b） 試験回路

基本回路を**図 36** に示す。

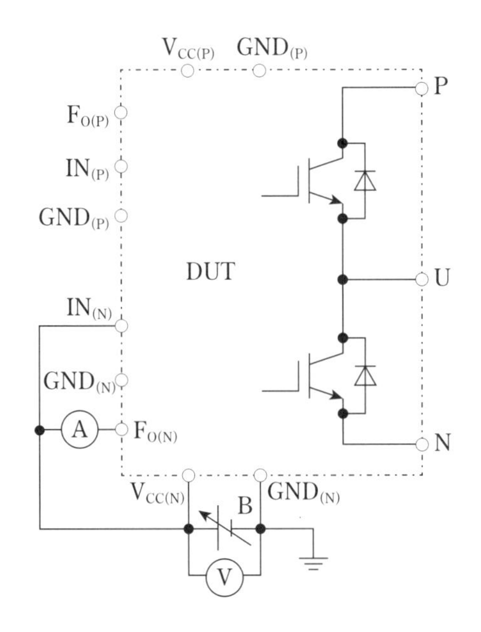

DUT：供試 IPM
B　　：下アーム側制御電源電圧源
V　　：制御電源観測用直流電圧計
A　　：エラー出力／アラーム出力信号　回路電流測定用電流計

図 36 — エラー出力電流試験回路

c) 試験手順

1) DUT に**図 36** に示す試験回路を接続する。

2) DUT を熱板や恒温槽などで指定の温度にする。

3) $V_{CC(N)}$ 端子 - $GND_{(N)}$ 端子間に指定の電圧を印加し，$F_{O(P)}$ 端子に流れる $I_{FO(H)}$ 電流を測定する。$I_{FO(H)}$ は保護動作していないときの電流値。エラー出力電流 $I_{FO(L)}$ は保護動作時の電流であるため，過電流保護レベル試験／短絡保護トリップ試験時に測定する。アラーム信号電流制限抵抗値 R_{ALM} は，直接測定はできないので，制御電源電圧値（B の電圧値）と，エラー出力／アラーム出力信号出力電流値 $I_{FO(L)}$ とから計算する。

アラーム信号電流制限抵抗値 R_{ALM}
≒（制御電源電圧値）÷（エラー出力／アラーム出力信号　電流値）

d) 試験条件

1) 制御電源電圧（B の電圧）　　指定値

2) 試験設定温度　　指定値

6.5　熱的特性試験

6.5.1　熱抵抗試験

a) 目的

指定の条件で DUT のチップ接合部とケース間の熱抵抗 $R_{th(j\text{-}c)}$，ケースと冷却体間の熱抵抗 $R_{th(c\text{-}f)}$，及び冷却体と冷却体周囲空気間の熱抵抗 $R_{th(f\text{-}a)}$ を測定する。

注記　ベースプレートをもたない IPM の場合のチップ接合部－冷却体熱抵抗 $R_{th(j\text{-}f)}$ も同様に測定できる。

b) 試験回路

具体的な試験回路は，他の個々のパワー半導体デバイスの規格に準じる。

温度測定基準点を**図 37** 及び**図 38** に示す。**図 37** は冷却体に取り付けられた IPM の横から見た断面図，**図 38** は上部から見た内部構造例である。

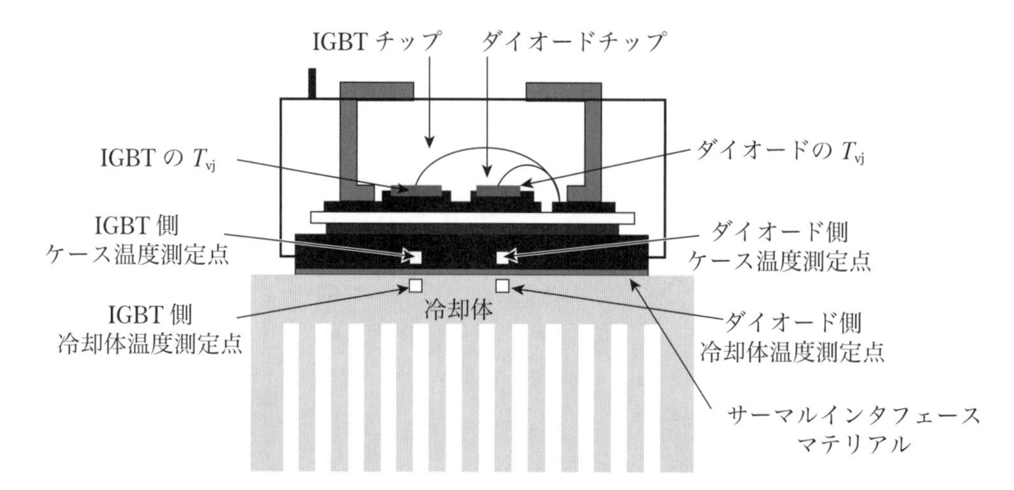

図 37 — 冷却体に取り付けられた IPM を横から見た内部構造図

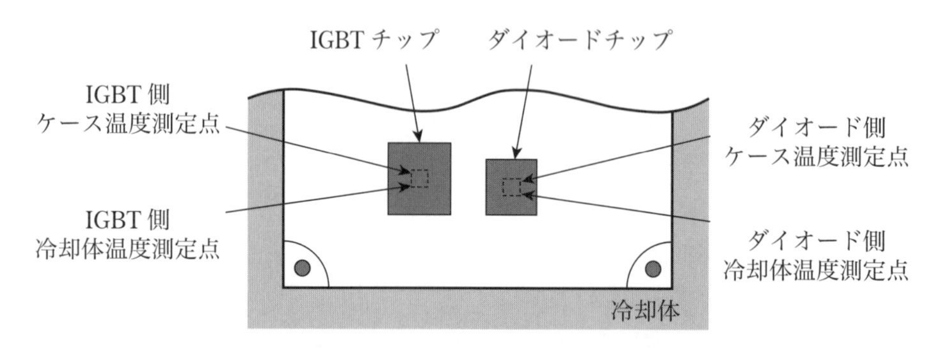

図 38 — 冷却体に取り付けられた IPM を上部から見た内部構造図

チップ接合部－ケース間熱抵抗 $R_{th(j-c)}$ を測定する場合のケース側の温度測定基準点は，各チップに最も近接した場所であることが望ましく，一般的には**図 37**，**38** に示すように測定対象チップの直下部とする。

ケース－冷却体間熱抵抗 $R_{th(c-f)}$ は，一般にベースプレートと冷却体との間の接触熱抵抗だけを表すことが望ましい。したがって，T_f（冷却体の温度）と T_c（ケースの温度）の測定ポイントは冷却体及びベースプレート自身の熱抵抗の影響を受けないように互いに近接した位置で測定する必要がある。

c) 試験手順

具体的な試験手順は，他の個々のパワー半導体デバイスの規格に準じる。

熱抵抗値は次により求める。

1) チップ接合部－ケース間熱抵抗 $R_{th(j-c)}$

$R_{th(j-c)}$ は，$R_{th(j-c)} = (T_{vj} - T_c) \div P_x$ で与えられ，チップに所定の電力 P_x を与えたときの T_{vj} 及び T_c を測定することによって求めることができる。

ここに，

T_{vj}：チップの電気特性の温度依存性を利用して導き出したチップの接合部温度。例えば IGBT の場合，一定のコレクタ電流 I_m を通電したときのコレクタ・エミッタ間電圧 V_{CE} が接合部温度に相関があることを利用して，所定の電力 P_x をチップに与えるための指定コレクタ電流パル

ス I_C を通電した直後に I_m を通電して V_{CE} を測定することによって導き出した温度である。

T_c：ケース（ベースプレート）の温度。冷却体に開けた小さな貫通孔などを通してチップ直下において測温計によって測定した値である。

P_x：対象チップ“X”に指定の試験電流を通電したときに発生する電力損失

2) ケース－冷却体間の熱抵抗 $R_{th(c\text{-}f)}$

$R_{th(c\text{-}f)}$ は，$R_{th(c\text{-}f)} = (T_c - T_f) \div P_{tot}$ で与えられ，チップに所定の電力 P_{tot} を与えたときの T_c 及び T_f を測定することによって求めることができる。

ここに，

T_c：ケース（ベースプレート）のチップ直下部における温度

T_f：ケース（ベースプレート）温度測定点に近接した箇所の冷却体の温度

P_{tot}：IPM モジュール 1 アーム分の電力損失（レグスイッチ IGBT モジュールの場合，指定負荷における 1 アーム分の IGBT チップ及びダイオードチップの発生損失の和）

3) 冷却体と冷却体周囲空気間又は冷却媒体間の熱抵抗 $R_{th(f\text{-}a)}$

$R_{th(f\text{-}a)}$ は，$R_{th(f\text{-}a)} = (T_f - T_a) \div P_{mod}$ で与えられ，チップに所定の電力 P_{mod} を与えたときの T_f 及び T_a を測定することによって求めることができる。

ここに，

T_f：**2)** で規定した箇所と同じ位置の冷却体温度

T_a：冷却体周囲空気又は冷却媒体温度

P_{mod}：冷却体上に設置されている IPM 全体の電力損失（指定負荷時）

d) 試験条件

IPM の取付けは，製造業者の要領書による。

注記 取付け要領書には，熱伝導性コンパウンドペーストの仕様，IPM を冷却体に取り付けるときのねじの締付けトルクなどが含まれる。

IPM を冷却体上に固定する場合は，一般に熱伝導性コンパウンドペーストを使わなければならない。このペーストは，熱抵抗が時間の経過とともに上昇することなく，かつベースプレート及び冷却体の最高温度に耐えられるものでなければならない。このペーストは，IPM のベースプレートと冷却体表面との間に発生が予想される空隙を塞ぐことができ，IPM の全寿命時間にわたって気密性を維持できるものでなければならない。熱伝導性コンパウンドペースト膜の厚さは，製造業者指定の仕様を満足することが望ましい。

6.5.2 過渡熱インピーダンス試験

a) 目的

指定の条件で DUT のチップ接合部とケース間の過渡熱インピーダンス $Z_{th(j\text{-}c)}$ を測定する。

注記 ベースプレートをもたない IPM の場合のチップ接合部と冷却体間の過渡熱インピーダンス $Z_{th(j\text{-}f)}$ も同様に測定できる。

b) 試験回路

具体的な試験回路は，他の個々のパワー半導体デバイス規格に準じる。

温度測定基準点は **6.5.1 b)** による。

c) 試験手順

具体的な試験手順は，他の個々のパワー半導体デバイス規格に準じる。

過渡熱インピーダンスは，過渡熱インピーダンス曲線として規定する。

過渡熱インピーダンス曲線の例を**図 39** に示す。**図 39** において，横軸（パルス継続時間）の最小値は，サイリスタならば 1 ms，IGBT ならば 10 μs 程度となる。過渡熱インピーダンスの定常値は，チップ接合部とケース間の熱抵抗 $R_{th(j\text{-}c)}$ となる。t_p は，損失のステップ変化時点を始点とする。

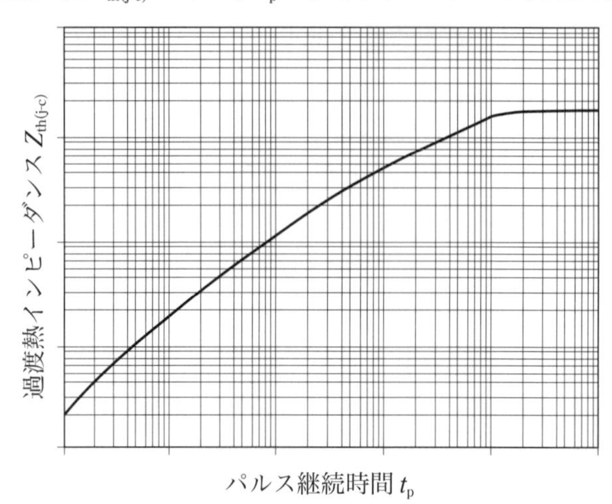

図 39 — 過渡熱インピーダンス曲線の例

注記 コンピュータによる熱シミュレーションを行う場合には，熱抵抗要素 R_i（i は，等価熱 RC ネットワークにおける 1 から n までの値）及び熱時定数 τ_i，又は熱抵抗要素 R_{th1}，…，R_{thn} 及び熱容量 C_{th1}，…，C_{thn} を用いるが，いずれも過渡熱インピーダンス曲線から近似的に求める。

d) 試験条件

6.5.1 d) による。

6.6 電気的耐久試験

電気的耐久試験は，IPM 内蔵の IGBT に関して形式試験の一環として，試験サンプルが指定の条件での主端子間逆バイアス試験（高温逆バイアス試験），及び指定の条件での主端子間断続通電に耐えることを確認するための試験（断続動作寿命試験）である。試験方法並びに合格判定特性及び合格判定基準については **JEC-2405**：2015 を参照。

一方，信頼性試験として実施する場合は他の規格 [9] に基づいて試験を実施する必要がある。

注 [9] 例えば**JEITA ED-4701/100A**「半導体デバイスの環境及び耐久試験方法（寿命試験 I）」及び **JEITA ED-4701/600**「半導体デバイスの環境及び耐久試験方法（個別半導体特有の試験）」

なお，使用者側での電気的耐久試験の実施は，IPM の機能並びに構成上，加速試験ができないことから，試験時間の観点で現実的ではない。

6.7 外観検査

IPM の外観，外形及び表示について検査を行い，異常のないことを確かめるとともに，外形寸法が製造業者の指定した規格値を満足していることを確かめる。

附属書 A
（規定）
インテリジェントパワー半導体モジュール（IPM）の定義補足

この規格では，**1　適用範囲**に示すように適用範囲を，“半導体電力変換装置や半導体スイッチなどにおいて，バルブデバイスとして動作し，変換接続の一部又は全部として使用されるインテリジェントパワー半導体モジュール（IPM）に適用する。”とし，このインテリジェントパワー半導体モジュールはパワーチップを駆動する回路（IGBT の場合はゲート駆動回路）部と，パワーチップを過熱などの異常現象から保護する回路部などを収納している。特にこれら回路は集積化したチップ，すなわち IC で構成している場合が多数を占めている。

電気学会 電気専門用語集 No. 9「パワーエレクトロニクス」では，インテリジェントパワー半導体モジュールを IPM と称しており，この規格ではその名称にならう。

一方，パワーチップを駆動する回路及びパワーチップの異常現象から保護する回路をモジュールの中には内蔵せず，パワー半導体モジュールの制御端子部に外付けで直接接続した回路基板によって構成したものも存在する。このパワー半導体モジュールも広義的には IPM といえるが，回路基板の製造とモジュールとの接続が，モジュールの製造とは全くの別工程であることで，パワーチップの特性と回路特性とを組み合わせたときの特性管理や保証が困難であるなどの課題があり，この規格ではこのようなパワー半導体モジュールは IPM の定義からは除外する。

附属書 B
（規定）
IPM のコモンモードノイズ耐量試験

B.1　DUT の下アーム側試験

a）目的

DUT が商用入力電源に印加されるコモンモードノイズ電圧に対して，誤オン動作や誤アラーム出力をしないノイズ耐量を測定する。

注記　IPM が誤オン動作すると短絡事故などの大きな障害となる可能性がある。これに対し，IPM が誤オフ動作しても，入力 PWM 信号がオフになれば復帰し，負荷出力に危機的な障害にはならない場合が多い。したがって誤オフに対する試験方法の記載は省略する。

b）試験回路

下アーム評価時の基本回路を**図 B.1** に示す。また，下アーム側試験の動作波形を**図 B.2** に示す。測定しない全ての上アーム側の制御回路は常時オン，測定対象の下アームは常時オフとなるように配線する。また，直流中間用コンデンサ C 及びスナバコンデンサ Cs の両端は DUT の P 端子及び N 端子に接続する。

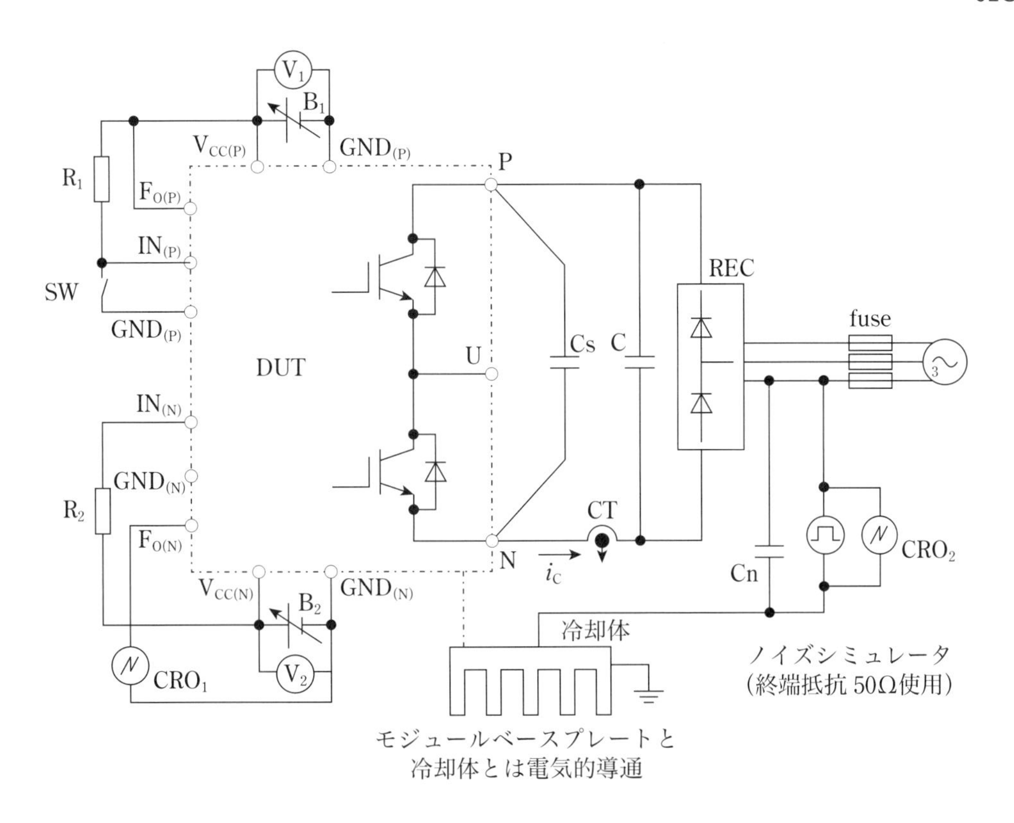

DUT：供試 IPM

C：直流中間用コンデンサ　　Cs　：スナバコンデンサ　　Cn：接地コンデンサ

B_1　：上アーム側制御電源電圧源　　V_1　：上アーム側制御電源観測用直流電圧計

B_2　：下アーム側制御電源電圧源　　V_2　：下アーム側制御電源観測用直流電圧計

R_1　：上アーム入力信号プルアップ用抵抗　　R_2　：下アーム入力信号プルアップ用抵抗

CT　：電流検出器

CRO_1：下アーム側のエラー出力電圧／アラーム信号電圧観測用オシロスコープ

CRO_2：ノイズ電圧波形観測用オシロスコープ　　SW　：オン固定用スイッチ

図 B.1 — コモンモードノイズ耐量試験回路（下アーム側）

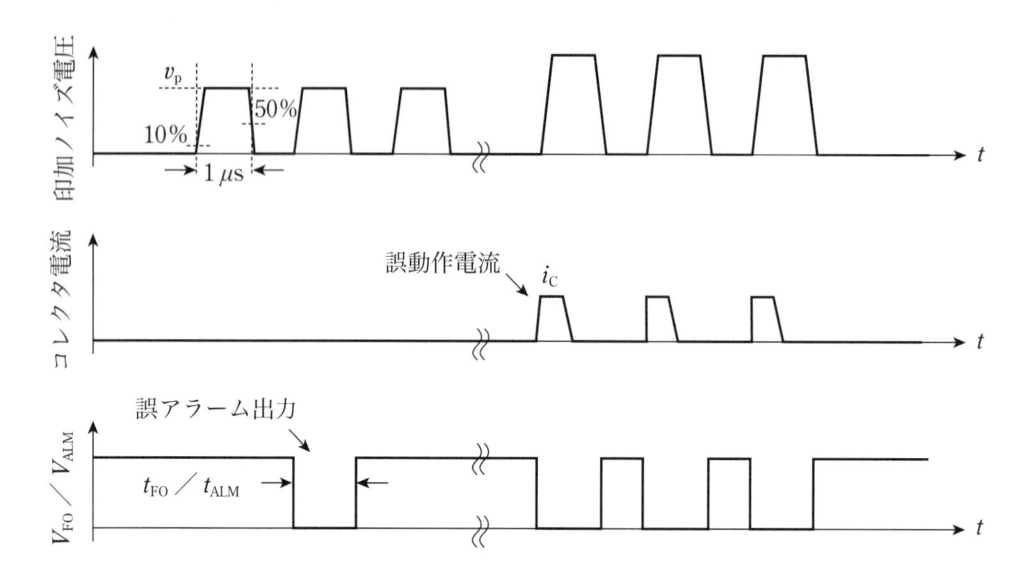

I_C　：下アーム側のコレクタ電流
V_{FO}／V_{ALM}：下アーム側のエラー出力端子電圧／アラーム出力端子電圧

図 B.2 ― コモンモードノイズ耐量試験波形例（下アーム側）

c） 試験手順

1） DUT の下アーム側はオンしないように $IN_{(N)}$ 端子を $V_{CC(N)}$ へ抵抗を通してプルアップする。プルアップ用抵抗は，実使用時を模擬した抵抗値とする。通常は 20 kΩ 程度を使う場合が多い。

2） DUT の上アーム側（測定しないアーム）は常時オンするように，$IN_{(P)}$ 端子を $V_{CC(P)}$ に接続し（プルアップする），スイッチ SW でオンさせる回路を設ける。また，DUT の上アーム側（測定しないアーム）の $F_{O(P)}$ 端子は誤動作しないように $V_{CC(P)}$ にプルアップする。

3） 上アーム側制御電源電圧源 B_1 と下アーム側制御電源電圧源 B_2 は，対アース浮遊容量低減のため絶縁トランス等を使用し，それぞれ指定値 $V_{CC(P)}$ と $V_{CC(N)}$ に設定する。オシロスコープ CRO_1，CRO_2 も絶縁トランス等で絶縁する。

4） オン固定用スイッチ SW を導通させ，DUT の上アーム側（測定しないアーム）を常時オンにさせる。

5） 商用入力電源を投入する。整流用ダイオードブリッジが突入サージ電流で破壊しないように，必要な場合はリアクトル又はしゅう動電圧調整器などを用いる。

6） ノイズシミュレータにてノイズを印加する。ノイズパルス幅は 1 μs とし，ノイズ印加電圧 v_p を規定値に設定し，オシロスコープ CRO_2 で設定値を確認する。下降時間はノイズシミュレータの規定値による。

7） 下アーム側コレクタ電流とアラーム出力 $V_{FO(N)}$／V_{ALM} を計測し，ノイズ印加規定時間内において誤アラーム出力や誤動作電流がないことを確認する。誤動作する場合は電源短絡による過電流（i_C）が流れ，保護回路によって急遮断されるため，スナバコンデンサ Cs を接続しておくのが望ましい。

8） 必要に応じ v_p を増加し，誤動作電流又はアラーム出力が発生する v_p を確認する。計測が終了したら全ての電源を立上げ時の逆の順にオフにする。

9） ノイズシミュレータの出力極性を逆に接続し，手順 **4**）～ **8**）を実施する。

10） 必要に応じ，三相入力の他相に対しても手順 **3**）～ **9**）を実施する。ただし，接地相へのノイズ印加は不可である。

附属書 C
（規定）
IPMの補足事項

C.1　小容量 IPM

エアコン，洗濯機などの家電用モータ駆動や小容量産業用モータ駆動に使用される小容量タイプの IPM については，**JEC-2408**：2019 で対象としている IPM とは一部機能が異なる項目がある。本附属書ではそれら項目について補足する。

次の **1)**～ **3)** が小容量 IPM の代表的な機能や特徴である。

1) 制御電源電圧低下（UV）保護機能は，上アーム側，下アーム側ともに内蔵されているが，エラー出力／アラーム出力信号は，下アーム側からのみ出力される。

2) 過電流保護機能は，下アーム側に内蔵され，エラー出力信号も出力されるが，電流検出のためには IPM の外部に抵抗の接続が必要となる。

3) 過熱保護機能は，全ての小容量 IPM には内蔵されておらず，内蔵しているものでも，下アーム側の駆動 IC 部の温度を検出しているものが一般的である。

またこれら機能に関する小容量 IPM と，**JEC-2408**：2019 で対象としている IPM との比較については**表 C.1** に示す。

表 C.1 ― 小容量 IPM と JEC-2408：2019 との比較対照表

保護機能		小容量 IPM	**JEC-2408**：2019
制御電源低下（UV）保護	機能内蔵の有無	あり	あり
	エラー出力の有無	下アーム側のみあり	あり
過電流保護	機能内蔵の有無	下アーム側のみあり 電流検出用外部接続抵抗が必要	あり
	エラー出力の有無	あり	あり
過熱保護	機能内蔵の有無	ある場合は，下アーム側の IC の温度を検出	あり
	エラー出力の有無	ある場合は下アーム側のみ	あり

C.2　ブートストラップ電源回路

ブートストラップ電源回路とは，一般的な 6 アームによる三相インバータ回路において最低必要な四つのゲート駆動回路用の電源（下アーム側 1 電源，上アーム側 3 電源）を一つの独立電源で動作させる回路である。このブートストラップ回路は，ブートストラップダイオード，ブートストラップコンデンサ及び電流制限抵抗で構成され，比較的小容量の装置に適用される場合が多く，IPM においても**図 C.1** のようなブートストラップダイオードと電流制限抵抗を内蔵されたものもある。これら回路にブートストラップコンデンサを接続すると，下アーム側 IGBT の導通状態によって**図 C.2** に示す点線経路で電流が流れ，ブートストラップコンデンサが充電される。この結果，上アーム側のゲート駆動回路の電源として確立する。

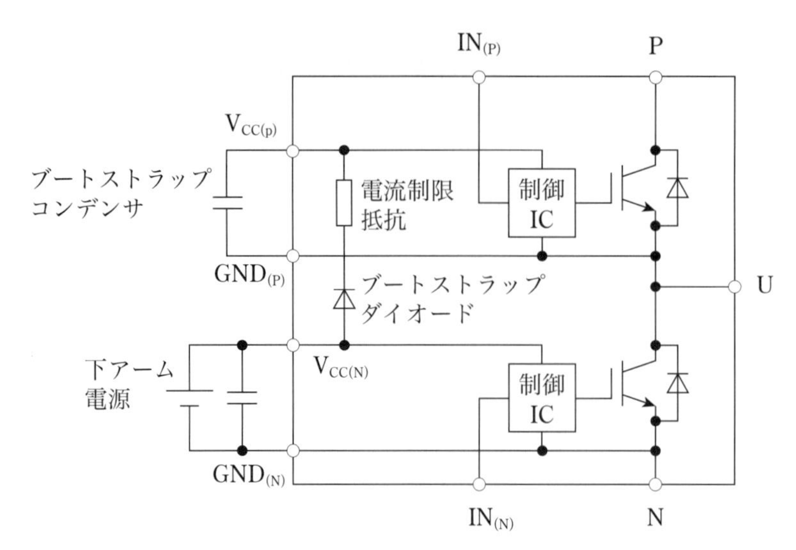

図 C.1 — ブートストラップ回路を内蔵した IPM

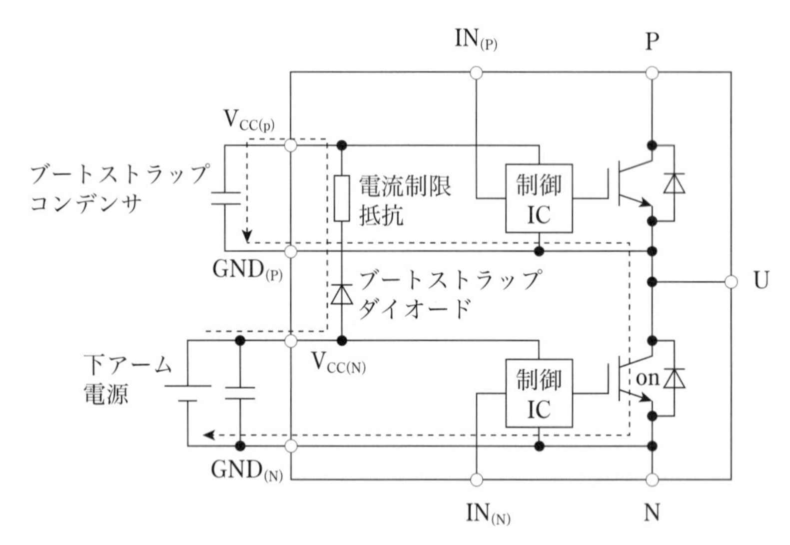

図 C.2 — ブートストラップ回路による上アーム側電源への充電経路

ただしこの回路の適用は，適用装置が停止中若しくは運転中においても，下アーム側の IGBT がオフしている期間中は，上アーム側の電源としてのブートストラップコンデンサの充電電荷は放電されるため，電圧低下が発生する。よって IPM の保護機能の一つである制御電圧低下保護機能と協調を図る必要がある。また，下アーム側環流ダイオードが導通しているときに，上アーム側のブートストラップコンデンサが充電される場合は，その充電電圧は環流ダイオードの順電圧分上昇するため，その上昇電圧についても注意が必要である。

C.3　エラー出力パルス幅／アラーム時間と保護要因識別機能のある IPM

この規格で対象としている IPM のエラー出力パルス幅 t_{FO}／アラーム時間 t_{ALM} は，保護要因期間がエラー出力パルス幅 t_{FO}／アラーム時間 t_{ALM} より短い場合は，規定の幅のエラー信号／アラーム信号　出力を行い，保護要因期間がエラー出力パス幅 t_{FO}／アラーム時間 t_{ALM} より長い場合は，**図 C.3** のように保護要因がなくなるまで継続的に出力される IPM について規定している。よってエラー出力パルス幅 t_{FO}／アラーム時間 t_{ALM} は，保護要因期間と同じになり，規定より長くなる場合がある。

ここでは **JEC-2408**：2019 で対象としている IPM とは異なるタイプとして，保護要因をエラー出力パルス幅／アラーム時間によって識別させる機能をもった IPM について解説する。

このIPMは保護動作条件を満たした直後にエラー信号が出力される点では，**JEC-2408**：2019で対象としているIPMと同様であるが，エラー出力パルス幅／アラーム時間によって保護要因を識別させるため，**図C.4**のように一定時間が継続した後に，エラー出力信号／アラーム出力信号 V_{FO}／V_{ALM} が復帰（**図C.4**では信号レベルがLow ⇒ High）するのが特徴である。この復帰するまでの時間は，保護動作した要因別に決められており，エラー出力パルス幅／アラーム時間の規定時間も次のような種類に分類される。

過電流保護動作時：$t_{FO(SC)}$／$t_{ALM(OC)}$
制御電源電圧低下保護動作時：$t_{FO(UV)}$／$t_{ALM(UV)}$
チップ過熱保護動作時：$t_{FO(OT)}$／$t_{ALM(TjOH)}$

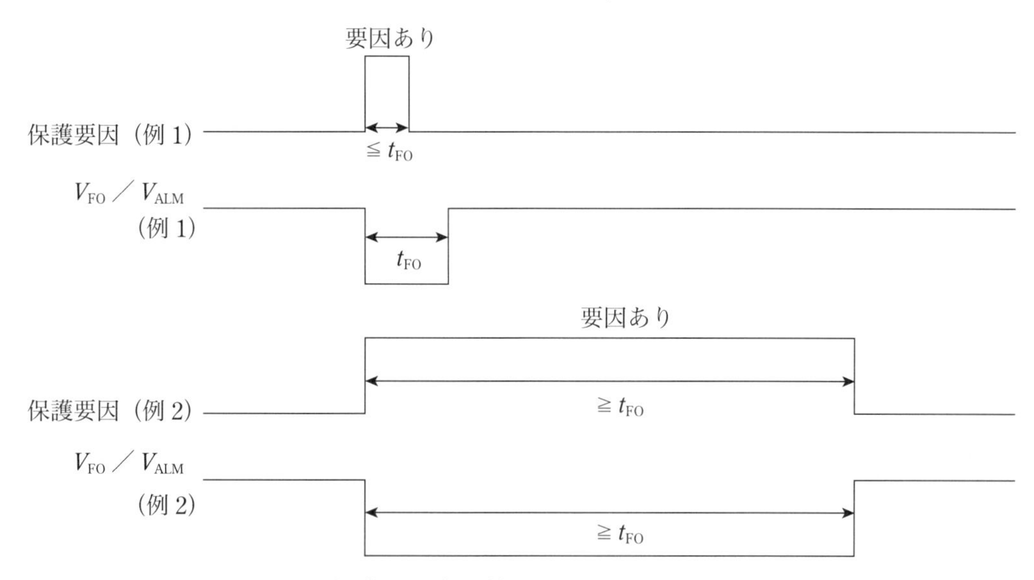

図C.3 — 保護要因識別機能なし　IPMのエラー信号

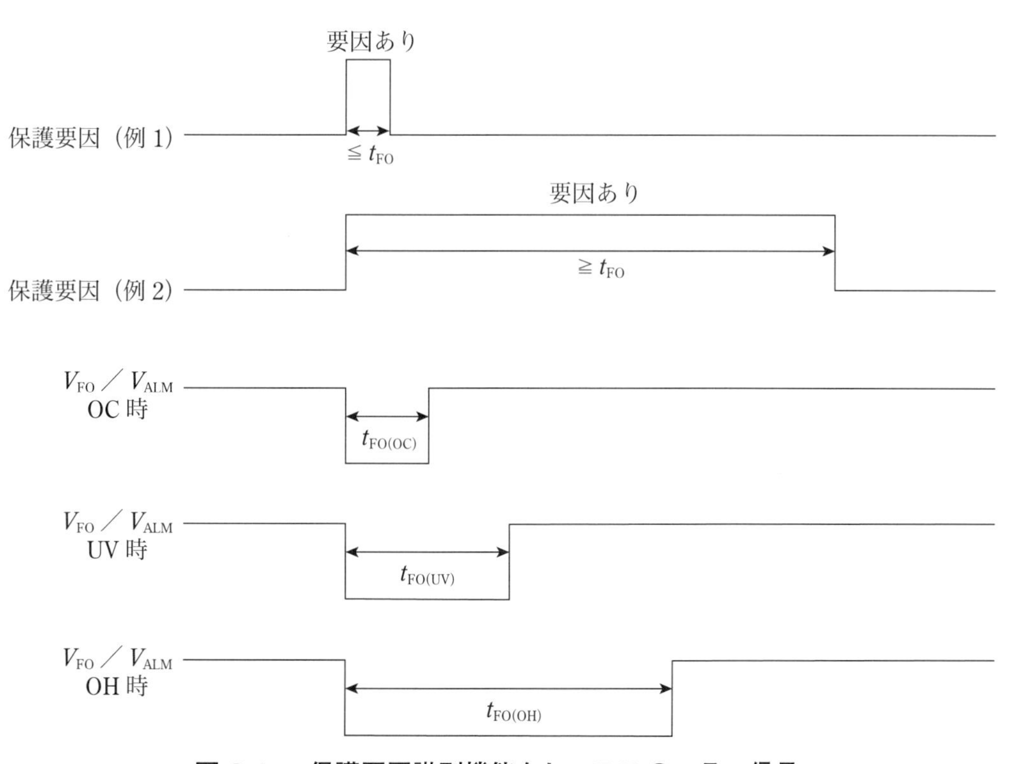

図C.4 — 保護要因識別機能なし　IPMのエラー信号

附属書 D
（規定）
電気用図記号及び文字記号

この規格に使用した電気用図記号及び文字記号を**表 D.1** に示す。

表 D.1 — 電気用図記号及び文字記号

名称	図記号	文字記号	名称	図記号	文字記号
交流電源		G	接地		－
可変交流電源		G	電流計		A
直流電源		B	電圧計		V
可変直流電源		B	オシロスコープ		CRO
可変パルス電源		G	スイッチ		SW
抵抗又は熱抵抗		R	電流検出器		CT
コンデンサ又は熱容量		C	環流ダイオード 又は整流ダイオード		D
リアクトル		L	絶縁ゲートバイポーラ トランジスタ		IGBT

附属書 E
（規定）
インテリジェントパワー半導体モジュール（IPM）の用語及び文字記号

この規格に使用したインテリジェントパワー半導体モジュール（IPM）の定格・特性名称と文字記号を**表 E.1**～**表 E.6** に示す。

表 E.1 ～表 E.6 — インテリジェントパワー半導体モジュール（IPM）の定格・特性名称と文字記号

E.1　電圧

No.	名称（和文）	名称（英文）	文字記号
1	コレクタ・エミッタ間電圧	Collector-emitter voltage	$V_{CE\_}$
2	コレクタ・エミッタ間サステーニング電圧	Collector-emitter sustaining voltage	$V_{CE\_(sus)}$
3	コレクタ・エミッタ間飽和電圧	Collector-emitter saturation voltage	V_{CEsat}
4	環流ダイオード順電圧	Free-wheel-diode forward voltage	V_F
5	環流ダイオードカソード・アノード間電圧	Free-wheel-diode Cathode-anode voltage	V_{KA}
6	絶縁耐電圧	Isolation voltage	V_{isol}
7	部分放電開始電圧	Partial discharge inception voltage	V_i
8	部分放電消滅電圧	Partial discharge extinction voltage	V_e

E.2　電流

No.	名称（和文）	名称（英文）	文字記号
1	コレクタ電流	Collector current	I_C
2	コレクタ・エミッタ間遮断電流	Collector-emitter cut-off current	$I_{CE\_}$
3	環流ダイオード順電流	Free-wheel-diode anode current	I_F
4	環流ダイオード逆回復電流	Free-wheel-diode reverse recovery current	I_R
5	絶縁漏れ電流	Isolation leakage current	I_{isol}

E.3　時間

No.	名称（和文）	名称（英文）	文字記号
1	ターンオン時間	Turn-on time	t_{on}
2	ターンオン遅延時間	Turn-on delay time	$t_{d(on)}$
3	上昇時間	Rise time	t_r
4	誘導負荷ターンオン時間	Turn-on time at inductive load	t_{on}
5	誘導負荷ターンオン遅延時間	Turn-on delay time at inductive load	$t_{d(on)}$
6	誘導負荷ターンオン上昇時間	Turn-on rise time at inductive load	t_r
7	誘導負荷ターンオン積分時間	Turn-on integration time at inductive load	$t_{i(on)}$
8	ターンオフ時間	Turn-off time	t_{off}
9	ターンオフ遅延時間	Turn-off delay time	$t_{d(off)}$
10	下降時間	Fall time	t_f
11	誘導負荷ターンオフ時間	Turn-off time at inductive load	t_{off}
12	誘導負荷ターンオフ遅延時間	Turn-off delay time at inductive load	$t_{d(off)}$
13	誘導負荷ターンオフ下降時間	Fall time at inductive load	t_f

14	誘導負荷テイル時間	Tail time	t_t
15	誘導負荷ターンオフ積分時間	Turn-off integration time at inductive load	$t_{i(off)}$

E.4　損失・熱

No.	名称（和文）	名称（英文）	記号
1	コレクタ損失	Collector-emitter power dissipation	P_C／P_{tot}
2	ターンオン損失エネルギー	Turn-on switching energy	E_{on}
3	ターンオフ損失エネルギー	Turn-off switching energy	E_{off}
4	逆回復損失エネルギー	Reverse-recovery energy	E_{rr}／E_{dsw}
5	T_c = 25℃におけるパワーモジュール 1 アーム分の電力消費	Total power dissipation of the power module per 1 arm at T_c = 25℃	P_{tot}
6	冷却体上に設置された全てのパワーモジュールの総電力損失	Total power dissipation of the power modules mounted on the heat sink	P_{mod}
7	熱抵抗（接合・基準点間）	Thermal resistance junction to reference	$R_{th(j\text{-}ref)}$ 10)
8	過渡熱インピーダンス（接合・基準点間）	Transient thermal impedance junction to reference	$Z_{th(j\text{-}ref)}$ 10)
9	熱抵抗（ケース・基準点間）	Thermal resistance case to reference	$R_{th(c\text{-}ref)}$ 10)
10	過渡熱インピーダンス（ケース・基準点間）	Transient thermal impedance case to reference	$Z_{th(c\text{-}ref)}$ 10)
11	熱抵抗（フィン・基準点間）	Thermal resistance fin to reference	$R_{th(f\text{-}ref)}$ 10)
12	過渡熱インピーダンス（フィン・基準点間）	Transient thermal impedance fin to reference	$Z_{th(f\text{-}ref)}$ 10)
13	周囲温度，冷却媒体温度	Temperature of the ambient or the refrigerant	T_a
14	冷却体温度（指定された基準点温度）	Heat sink temperature (specified reference point temperature)	T_f
15	ケース（ベースプレート）温度（指定された基準点温度）	Case (base plate) temperature (specified reference point temperature)	T_c
16	チップ接合部温度（見掛け上）	Virtual junction temperature of the chip	T_{vj}
17	基準点温度	Reference-point temperature	T_{ref}
18	保存温度	Storage temperature	T_{stg}

E.5　制御回路

No.	名称（和文）	名称（英文）	記号
1	制御電源電圧	Supply voltage	V_D／V_{CC}
2	入力電圧／入力信号電圧	Input (signal) voltage	V_{CIN}／V_{in}
3	エラー出力電圧／アラーム信号電圧	Fault output supply voltage／Alarm signal voltage	V_{FO}／V_{ALM}
4	エラー出力電流（定格）／アラーム信号電流	Fault output current／Alarm signal current	I_{FO}／I_{ALM}
5	制御回路電流（上アーム側）	Circuit current／Supply current of P-side	I_D／I_{CCP}
6	制御回路電流（下アーム側）	Circuit current／Supply current of N-side	I_D／I_{CCN}
7	入力オンしきい電圧	Input ON threshold voltage／Input signal threshold voltage	$V_{th(on)}$／$V_{inth(on)}$
8	入力オフしきい電圧	Input OFF threshold voltage／Input signal threshold voltage	$V_{th(off)}$／$V_{inth(off)}$
9	過電流保護レベル／短絡保護トリップレベル	Short circuit trip level／Over current protection level	SC／I_{OC}
10	過電流保護遅れ時間／短絡電流遮断遅れ時間	Short circuit current delay time／Over current protection delay time	$t_{d(SC)}$／t_{dOC}

11	過熱保護トリップレベル／過熱保護温度レベル	Over temperature protection ／ Over heating protection temperature level	OT ／ T_{jOH}
12	過熱保護ヒステリシス	Over heating protection hysteresis	OT ／ T_{jH}
13	制御電源電圧低下保護トリップレベル	Supply circuit under-voltage protection ／ Under voltage protection level	UV ／ V_{UV}
14	制御電源電圧低下保護電圧リセットレベル／制御電源電圧低下保護ヒステリシス	Under voltage protection hysteresis	UV_r ／ V_H
15	エラー出力電流（非保護動作時）	Fault output current	$I_{FO(H)}$
16	エラー出力電流（保護動作時）	Fault output current	$I_{FO(L)}$
17	アラーム信号電流制限抵抗値	Resistance of current limit	R_{ALM}
18	エラー出力パルス幅／アラーム時間	Fault output pulse width ／ Alarm signal hold time	t_{FO} ／ t_{ALM}

E.6 その他

No.	名称（和文）	名称（英文）	文字記号
1	逆バイアス安全動作領域	Reverse bias safe operating area	－
2	環流ダイオード逆回復安全動作領域	Free-wheel-diode reverse recovery safe operating area	－
3	短絡耐量	Short circuit current capability	－
4	主端子間漂遊インダクタンス	Stray inductance between main terminals	L_P
5	漂遊キャパシタンス	Stray capacitance	C_P

注 [10] 熱抵抗，熱インピーダンスの基準点側（ref 側）の位置として，
c：ケース部，ベースプレート部
f：冷却体部
a：周囲環境（空気，水など）
などがある。

JEC-2408：2019
インテリジェントパワー半導体モジュール（IPM）
解説

この解説は，本体及び附属書に規定・記載した事柄，並びにこれらに関連した事柄を説明するもので，規格の一部ではない。

1　制定の趣旨及び経緯

1.1　JEC-2408：2019 制定の趣旨

この規格はパワーチップを駆動するゲート回路部及びそのパワーチップを過熱などの異常現象から保護する制御回路機能部を収納しているパワーモジュール（IPM）に適用する新たな電気学会 電気規格調査会標準規格である。IPM のデータシートは既に製造業者から種々開示されているが，**IEC** 規格化及び **JEITA** 規格化が未済のままの状態で，規格化が待たれていた規格である。

IPM はパワーチップを駆動するゲート回路部及びそのパワーチップを過熱などの異常現象から保護する制御回路機能部を収納しているので，IPM ではパワーチップのみならず，これら回路の特性・特性試験及び定格・定格試験の実施が必要であり，この規格ではこれら定格及び特性試験方法を重点に制定を行った。

1.2　制定までの経緯

この規格の発行に先立って，IPM に関する試験方法やパワー半導体モジュールの適用方法に関して記載した電気学会 電気規格調査会テクニカルレポートパワー半導体モジュール規格への追加事項（**JEC-TR-24005**-2011）を先行的に発行したが，このテクニカルレポートに示されているとおり，パワー半導体モジュールの各アームスイッチとして組み込まれる IGBT，及び逆並列ダイオードの規格項目の参照も，今回の IPM 規格には必要となるため，**JEC-2405**：2015 絶縁ゲートバイポーラトランジスタ及び **JEC-2407**：2017 絶縁形パワー半導体モジュールの発行を優先させてから，今回の規格の制定作業に着手した。

1.3　国内及び IEC の規格制定・改正の推移（IGBT，パワー半導体モジュール（PM），IPM）

表 — 国内及び IEC の規格制定・改正の推移（IGBT，パワー半導体モジュール（PM），IPM）

	2000 年	2003 年	2007 年	2010 年	2015 年	2016 年	2017 年	2019 年
JEITA ／ IGBT	**ED-4562A**					**ED-4562B**		
IEC ／ IGBT			**60747-9 Ed2.0**			**60747-9 Ed3.0**		
IEC ／ PM		**60747-15 Ed1.0**		**60747-15 Ed2**				
JEC ／ IGBT	**JEC-2405**-2000				**JEC-2405**:2015			
JEC ／ PM			**JEC-2407**-2007				**JEC-2407**:2017	
JEC ／ IPM								**JEC-2408**:2019

2　制定のポイント

次のポイントを特徴として，今回の規格の制定を実施した。

・この規格の利用者の便宜を図るため，関連規格である **JEC-2405**：2015 絶縁ゲートバイポーラトランジスタ及び **JEC-2407**：2017 絶縁形パワー半導体モジュールの定格及び特性試験方法の内容も記載。
・逆並列ダイオードの動作モード時の定格・特性項目及び試験法・測定法を記載。
・IPM の特有回路であるゲート駆動回路や保護用の制御回路の特性試験方法については重点的に記載。
・製造業者ごとに異なる記号を使用している定格や特性項目は，併記することで利用者の便宜を図った。
・アラーム識別機能を有した IPM，ブートストラップ電源を適用する IPM など，現時点で特殊な IPM だが，今後一般化されると予想されるものについては，附属書内でその機能や動作を説明。

3　審議中に特に問題となった事項など

保護機能レベル試験の名称

同一目的の保護機能レベル試験については，製造業者による名称の差異を許容するため，特性名称や試験名称など‘／’を用いて併記することにした。試験手順・試験条件に異なる部分がある場合はその旨を明記することにした。

3.1　電気的耐久試験

IPM の機能並びに構成上，加速試験ができないことから，使用者側での実施は試験時間の観点で現実的ではなく，確認が必要ならば製造業者と使用者の協議が必要である。

3.2　外観検査

この規格では，「IPM の外観，外形及び表示について検査を行い，異常のないことを確かめるとともに，外形寸法が製造業者の指定した規格値を満足していることを確かめる」とした。

4　各構成要素の内容

この規格の構成をご理解いただくために次の対比表（**解説表 1 — JEC-TR-24005-2011 テクニカルレポートパワー半導体モジュール（IPM）規格への追加事項と，JEC-2408：2019 インテリジェントパワー半導体モジュール規格の項目比較**）を用意した。

解説表 1 — JEC-TR-24005-2011 テクニカルレポートパワー半導体モジュール規格への追加事項と，JEC-2408：2019 インテリジェントパワー半導体モジュール（IPM）規格の項目比較

No.	**JEC-TR-24005**-2011 テクニカルレポートパワー半導体モジュール規格への追加事項	**JEC-2408**：2019 インテリジェントパワー半導体モジュール（IPM）規格
緒言／序文	**テクニカルレポートパワー半導体モジュール規格への追加事項の緒言の要旨**： IPM の主回路デバイスの代表例である IGBT（**JEC-2405**-2000），主回路アームスイッチを構成する IGBT（**JEC-2407**-2007）と逆並列対を成す環流ダイオード及びそれらを駆動するためのゲート駆動回路と保護回路とを有する IPM のテクニカルレポート。	インテリジェントパワー半導体モジュール（IPM）の序文の要旨： この規格は主回路デバイスの代表例である IGBT（**JEC-2405**：2015）と，この IGBT と逆並列対を成す環流ダイオードと，これらを組み込んだパワー半導体モジュール（**JEC-2407**：2017）に，IGBT を駆動するためのゲート駆動回路と保護回路とを内蔵させた IPM について規定したものである。 特にこの規格では前記規格（**JEC-2405**：2015 及び **JEC-2407**：2017）を参照するとともに，IPM 特有な機能に関する試験方法を新たに規定したものである。

No.	**JEC-TR-24005**-2011 テクニカルレポートパワー半導体モジュール規格への追加事項	**JEC-2408**：2019 インテリジェントパワー半導体モジュール（IPM）規格
序文	**JEC-2407-2007 絶縁形パワー半導体モジュールの適用範囲** パワーモジュールを供試デバイス（DUT）とする定格及び特性項目とその試験法の規格化案を本体に記述。 ゲート駆動部に特有な構造例も導入。	前記の内容を明確にするために**表 1 ― JEC-2405：2015，JEC-2407：2017 と JEC-2408：2019 との制定範囲相違点**及び**図 1 ― パワー半導体関連規格の制定範囲図**を序文に導入した。
適用範囲	**JEC-2407-2007 絶縁形パワー半導体モジュールの適用範囲** パワーモジュールを供試デバイス（DUT）とする定格及び特性項目とその試験法の規格化案を本体に記述。 ゲート駆動部に特有な構造例も導入。	絶縁形パワー半導体モジュール自体の特性・試験方法，内蔵されている IGBT 及び環流ダイオードに関する特性試験法。 IPM に特有な用語・定義，定格・特性，及び定格・特性試験法など。
用語の意味	**2. 用語の意味** インテリジェントパワー半導体モジュールの定義補足については解説を参照。	**3.1　インテリジェントパワー半導体モジュール** [1] パワーチップ，パワーチップを駆動する回路（IGBT の場合はゲート駆動回路）及びパワーチップを異常現象から保護する回路部を収納しているパワー半導体モジュール。 **注** [1]　電気学会 電気専門用語集 No.9「パワーエレクトロニクス」によって，以下インテリジェントパワー半導体モジュールを IPM と称する。
使用状態	**3. 使用状態** **JEC-2405**-2000，**JEC-2406**-2004 などでは，**3.** 使用状態の記述を **JEC-2410**-2010（半導体電力変換装置）**3.1**　常規使用状態によるで統一。	**4　使用状態** 半導体電力変換装置の規格 **JEC-2410**-2010 の **3.** 使用状態に準拠して，**3.** 使用状態の記述を導入する。

No.	**JEC-TR-24005**-2011 テクニカルレポートパワー半導体モジュール規格への追加事項	**JEC-2408**：2019 インテリジェントパワー半導体モジュール（IPM）規格
パワーモジュールの試験	**5. パワーモジュールの試験** **5.1　一般** パワーモジュールの試験は，一般的に実施される形式試験及び常規試験に区分できるが，これら試験のほかに製造業者と使用者間の協定によって決定する追加試験を実施する場合もある。 **5.1.1　試験の種類** **5.1.2　試験の実施方法** **5.1.3　標準試験条件** **5.1.4　定格試験後の特性判定基準** **5.1.5　試験の記録** **5.1.6　取り扱いの注意事項** **5.2　試験項目** タイプ A，タイプ B，タイプ C 別に試験項目を規定して，IPM はタイプ C としている。 **5.3　電気的定格試験** **5.3.1　コレクタ・エミッタ間電圧試験** **5.3.2　絶縁耐電圧試験** **5.4　電気的特性試験** **5.4.1** から **5.4.4** タイプ A，タイプ B，タイプ C のコレクタ・エミッタ間遮断電流試験 **5.4.5　誘導負荷スイッチング試験** **5.4.6　供試 IPM 動作温度過熱保護温度試験** **5.4.7　ケース温度過熱保護温度試験** **5.4.8　制御電源電圧低下保護電圧試験** **5.4.9　コモンモード雷サージ耐量試験** **5.4.10　漂遊静電容量試験** **5.4.11　主回路間漂遊インダクタンス試験** **5.4.12　部分放電電圧試験** **5.5　熱的特性試験** **5.5.1　温度特性基準点** **5.5.2　熱抵抗試験** **5.5.3　過渡熱インピーダンス試験**	**6　試験** **6.1　一般** **6.2　試験項目** **表 3** に IPM の試験項目及び試験の種類を示す。 **6.3　電気的定格試験** **表 4 ― 供試 IPM の定格試験終了後の合格判定基準**を導入。 **6.3.1　絶縁耐電圧試験** **6.3.2　コレクタ・エミッタ間電圧試験** **6.3.3　コレクタ電流試験** **6.3.4　環流ダイオード順電流試験** **6.3.5　逆バイアス安全動作領域試験／ターンオフスイッチング安全動作領域試験** **6.3.6　環流ダイオード逆回復安全動作領域試験** **6.3.7　制御電源電圧試験，入力電圧／入力信号電圧試験，エラー出力電圧試験／アラーム信号電圧試験** **6.3.8　エラー出力電流試験／アラーム信号電流試験** **6.3.9　短絡時の主回路直流電圧試験** **6.4　電気的特性試験** **6.4.1　コレクタ・エミッタ間遮断電流試験** **6.4.2　コレクタ・エミッタ間飽和電圧試験** **6.4.3　環流ダイオードの順電圧試験** **6.4.4　誘導負荷スイッチング試験** **6.4.5　環流ダイオードの逆回復時間，逆回復電荷，逆回復損失エネルギー試験** **6.4.6　制御回路電流試験** **6.4.7　入力オンしきい電圧，入力オフしきい電圧試験** **6.4.8　過電流保護レベル試験／短絡保護トリップレベル試験** **6.4.9　過電流保護遅れ時間試験／短絡電流遮断遅れ時間試験** **6.4.10　過熱保護トリップレベル試験／過熱保護温度レベル試験** **6.4.11　制御電源電圧低下保護トリップレベル試験** **6.4.12　エラー出力電流試験，アラーム信号電流制限抵抗値試験** **6.5　熱的特性試験** **6.5.1　熱抵抗試験** **6.5.2　過渡熱インピーダンス試験** **6.6　電気的耐久試験** **6.7　外観検査**

No.	**JEC-TR-24005**-2011 テクニカルレポートパワー半導体モジュール規格への追加事項	**JEC-2408**：2019 インテリジェントパワー半導体モジュール（IPM）規格
解説／附属書	**解説 1** **適用上の推奨事項**	**附属書 A（規定）** **インテリジェントパワー半導体モジュール（IPM）の定義補足**
	解説 2 **絶縁形パワー半導体モジュール及び IPM（インテリジェント・パワーモジュール）の定義補足**	**附属書 B（規定）** **IPMのコモンモードノイズ耐量試験**
	解説 3 **コモンモード三角波ノイズ耐量試験**	**附属書 C（規定）** **IPM の補足事項**
	解説 4 **電気用図記号及び文字記号**	**附属書 D（規定）** **電気用図記号及び文字記号**
	解説 5 **パワーモジュールの端子記号と定格・特性の文字記号**	**附属書 E（規定）** **インテリジェントパワー半導体モジュールの用語及び文字記号**
	解説 6 **JEC-2407-2007 及び JEC-2405-2000 の改正指針と JEC 化の課題**	**解説** **1　制定の趣旨及び経緯** **1.1　JEC-2408：2019 制定の趣旨** **1.2　制定までの経緯** **1.3　国内及び IECの規格制定・改正の推移（IGBT，パワー半導体モジュール（PM），IPM）** **2　制定のポイント** **3　審議中に特に問題となった事項など** **4　各構成要素の内容** **解説表 1 ― JEC-TR-24005-2011 テクニカルレポートパワー半導体モジュール規格への追加事項と JEC-2408：2019 インテリジェントパワー半導体モジュール（IPM）規格の項目比較** **5　懸案事項** **6　標準特別委員会名及び名簿**
	解説 7 **JEC-2407-2007 と IEC 60747-15 との相違点及び IEC 規格への追加案**	

5　懸案事項

IPM には MOS 形電界効果パワートランジスタ（MOSFET）を組み込んだものもあり，特性項目及びその特性の測定（試験）の検討が，今回の制定に当たっての残された懸案事項である。

また前記の検討に際して，**JEC-2406**-2004“MOS 形電界効果パワートランジスタ”の改正に向けた検討も必要である。

6　標準特別委員会名及び名簿

委員会名：インテリジェントパワー半導体モジュール（IPM）標準特別委員会

委員長	竹内　南	（マイクロマシンセンター）		委員	角田　哲次郎	（三菱電機）
幹事	滝沢　聡毅	（富士電機）		同	福田　典子	（鉄道総合技術研究所）
委員	緒方　修二	（関西電力）		同	森田　一樹	（京セラ）
同	金井　丈雄	（東芝三菱電機産業システム）		同	山田　真一	（明電舎）
同	関川　貴善	（富士電機）		同	渡邉　朝紀	（自動車技術総合機構交通安全環境研究所）
同	田所　雄一	（東芝ディスクリートテクノロジー）		途中退任委員	竹本　晴彦	（三菱電機）

7　標準化委員会名及び名簿

委員会名：パワーエレクトロニクス標準化委員会

役職	氏名	所属
委員長	清水　敏久	（首都大学東京）
幹　事	高橋　弘	（富士電機）
同	山本　陽	（明電舎）
同	吉野　輝雄	（東芝三菱電機産業システム）
委　員	菅原　雅男	（サンケン電気）
同	赤木　泰文	（東京工業大学）
同	浅野　勝則	（関西電力）
同	阿部　倫也	（日本電機工業会）
同	天野　功	（富士電機）
同	河村　篤男	（横浜国立大学）
同	金　東海	（工学教育研究所）
同	栗尾　信広	（日新電機）
同	郷田　崇	（京三製作所）
同	小西　武史	（鉄道総合技術研究所）
同	斉藤　景一	（NTT ファシリティーズ）
同	坂井　一夫	（オリジン電気）
同	境　武久	（三菱電機）
同	指田　和之	（新電元工業）
委　員	佐竹　彰	（三菱電機）
同	佐藤　之彦	（千葉大学）
同	竹内　南	（マイクロマシンセンター）
同	武智　正訓	（東京電力パワーグリッド）
同	田辺　茂	－
同	千葉　明	（東京工業大学）
同	永井　秀一	（東日本旅客鉄道）
同	二宮　保	－
同	畑中　一浩	（東京地下鉄）
同	林　洋一	（青山学院大学）
同	廣瀬　圭一	（NTT ファシリティーズ）
同	深尾　正	－
同	増山　隆雄	（東芝）
同	松岡　孝一	－
同	松瀬　貢規	（明治大学）
同	宮部　隆明	（日立製作所）
同	森　治義	（三菱電機）
同	山下　貴士	（ＧＳユアサ）

8　部会名及び名簿

委員会名：パワーエレクトロニクス部会

役職	氏名	所属
部会長	清水　敏久	（首都大学東京）
副部会長	吉野　輝雄	（東芝三菱電機産業システム）
幹　事	高橋　弘	（富士電機）
同	山本　陽	（明電舎）
委　員	阿部　倫也	（日本電機工業会）
同	境　武久	（三菱電機）
同	佐竹　彰	（三菱電機）
同	竹内　南	（マイクロマシンセンター）
委　員	田辺　茂	－
同	千葉　明	（東京工業大学）
同	永井　秀一	（東日本旅客鉄道）
同	林　洋一	（青山学院大学）
同	廣瀬　圭一	（NTT ファシリティーズ）
同	松瀬　貢規	（明治大学）
同	宮部　隆明	（日立製作所）
同	森　治義	（三菱電機）

9　電気規格調査会名簿

役職	氏名	所属
会　長	大木　義路	（早稲田大学）
副会長	塩原　亮一	（日立製作所）
同	八島　政史	（東北大学）
理　事	石井　登	（古河電気工業）
同	伊藤　和雄	（電源開発）
同	大田　貴之	（関西電力）
同	原　徳幸	（明電舎）
理　事	勝山　実	（シーエスデー）
同	金子　英治	（琉球大学）
同	清水　敏久	（首都大学東京）
同	八坂　保弘	（日立製作所）
同	田中　一彦	（日本電機工業会）
同	和田　俊朗	（電源開発）
同	藤井　治	（日本ガイシ）

役職	氏名	所属
理　事	牧　光一	(東京電力パワーグリッド)
同	三木　一郎	(明治大学)
同	八木　裕治郎	(富士電機)
同	髙木　喜久雄	(東芝エネルギーシステムズ)
同	山野　芳昭	(千葉大学)
同	原田　俊治	(三菱電機)
同	吉野　輝雄	(東芝三菱電機産業システム)
同	大熊　康浩	(電気学会副会長　研究調査担当)
同	芹澤　善積	(電気学会研究調査理事)
同	酒井　祐之	(電気学会専務理事)
2号委員	斎藤　浩海	(東北大学)
同	塩野　光弘	(日本大学)
同	井相田　益弘	(国土交通省)
同	大和田野　芳郎	(産業技術総合研究所)
同	高橋　紹大	(電力中央研究所)
同	根上　雄二	(経済産業省)
同	中村　満	(北海道電力)
同	千葉　正宏	(東北電力)
同	坂上　泰久	(中部電力)
同	棚田　一也	(北陸電力)
同	熊谷　泰美	(中国電力)
同	高畑　浩二	(四国電力)
同	岡松　宏治	(九州電力)
同	市村　泰規	(日本原子力発電)
同	畑中　一浩	(東京地下鉄)
同	山本　康裕	(東日本旅客鉄道)
同	青柳　雅人	(日新電機)
同	出野　市郎	(日本電設工業)
同	小黒　龍一	(ニッキ)
同	小林　武則	(東芝エネルギーシステムズ)
同	佐伯　憲一	(新日鐵住金)
同	豊田　充	(東芝エネルギーシステムズ)
同	松村　基史	(富士電機)
同	森本　進也	(安川電機)
同	吉田　学	(フジクラ)
同	都筑　秀明	(日本電気協会)
同	内橋　聖明	(日本照明工業会)
同	加曽利　久夫	(日本電気計器検定所)
2号委員	五来　高志	(日本電線工業会)
同	島村　正彦	(日本電気計測器工業会)
3号委員	小野　靖	(電気専門用語)
同	手塚　政俊	(電力量計)
同	佐藤　賢	(計器用変成器)
同	伊藤　和雄	(電力用通信)
同	中山　淳	(計測安全)
同	山田　達司	(電磁計測)
同	前田　隆文	(保護リレー装置)
同	合田　忠弘	(スマートグリッドユーザインタフェース)
同	澤　孝一郎	(回転機)
同	山田　慎	(電力用変圧器)
同	松村　年郎	(開閉装置)
同	河本　康太郎	(産業用電気加熱)
同	合田　豊	(ヒューズ)
同	平崎　敬朗	(電力用コンデンサ)
同	石崎　義弘	(避雷器)
同	清水　敏久	(パワーエレクトロニクス)
同	廣瀬　圭一	(安定化電源)
同	田辺　茂	(送配電用パワーエレクトロニクス)
同	千葉　明	(可変速駆動システム)
同	森　治義	(無停電電源システム)
同	和田　俊朗	(水車)
同	永田　修一	(海洋エネルギー変換器)
同	日高　邦彦	(UHV 国際，絶縁協調)
同	横山　明彦	(標準電圧，電力流通設備のアセットマネジメント)
同	坂本　雄吉	(架空送電線路)
同	高須　和彦	(がいし)
同	岡部　成光	(高電圧試験方法)
同	腰塚　正	(短絡電流)
同	本橋　準	(活線作業用工具・設備)
同	境　武久	(高電圧直流送電システム)
同	山野　芳昭	(電気材料)
同	石井　登	(電線・ケーブル)
同	渋谷　昇	(電磁両立性)
同	多氣　昌生	(人体ばく露に関する電界，磁界及び電磁界の評価方法)
同	八坂　保弘	(電気エネルギー貯蔵システム)

Ⓒ電気学会 電気規格調査会 2019

電気学会 電気規格調査会標準規格
JEC-2408：2019
インテリジェントパワー半導体モジュール（IPM）

2019年10月 7日　　第1版第1刷発行

編　　者　電気学会 電気規格調査会
発 行 者　田　中　久　喜

発 行 所
株式会社　電 気 書 院
ホームページ　www.denkishoin.co.jp
（振替口座　00190-5-18837）
〒101-0051　東京都千代田区神田神保町1-3ミヤタビル2F
電話(03)5259-9160／FAX(03)5259-9162

印刷　株式会社TOP印刷
Printed in Japan／ISBN978-4-485-98999-9